BIBLIOTHÈQUE DES ACTUALITÉS INDUSTRIELLES. — N° 98

Georges FRANCHE
INGÉNIEUR-MÉCANICIEN
A. & M. — E. C. P.

Manuel de L'Ouvrier Mécanicien

CINQUIÈME PARTIE

Boulons - Rivets - Chaudronnerie

PARIS
Librairie Bernard TIGNOL
PUBLICATIONS DE LA
LIBRAIRIE de l'ÉCOLE CENTRALE des ARTS et MANUFACTURES
53 bis, quai des Grands-Augustins

MANUEL

DE

L'OUVRIER MÉCANICIEN

V

BOULONS, RIVETS, CHAUDRONNERIE

Librairie Bernard TIGNOL, 53 bis, quai des Grands-Augustins. — Paris.

MANUEL

DE

L'OUVRIER MÉCANICIEN

PAR

GEORGES FRANCHE

Ingénieur-mécanicien. — Arts et métiers. — École Centrale des arts et manufactures.
Agent technique de l'Office National de la Propriété industrielle.

8 VOLUMES IN-16, CARTONNÉS, DOS TOILE
PRIX : 15 FRANCS

ON VEND SÉPARÉMENT

1re Partie. — Principes de Mécanique générale. — Figures 1 à 95. . . . . 2 fr.

2e Partie. — Outils et Machines-outils. — Figures 96 à 174. . . . . 2 fr.

3e Partie. — Forge et Fonderies. — Figures 175 à 317. 2 fr.

4e Partie. — Engrenages et Transmissions. — Figures 318 à 406 . . . . 2 fr.

5e Partie. — Boulons, Rivets, Chaudronnerie. — Figures 407 à 573 . . . . 2 fr.

6e Partie. — Machines à vapeur . . . . 2 fr.

7e Partie. — Moteurs à gaz . . . . 2 fr.

8e Partie. — Hydraulique . . . . 2 fr.

ÉMILE COLIN, IMPRIMERIE DE LAGNY (S.-ET-M.)

BIBLIOTHÈQUE DES ACTUALITÉS INDUSTRIELLES N° 98.

MANUEL
DE
L'OUVRIER MÉCANICIEN

CINQUIÈME PARTIE

BOULONS, RIVETS, CHAUDRONNERIE

PAR

Georges FRANCHE

(A. et M.) Ingénieur-Mécanicien. (E. C. P.)
Agent technique de l'Office national
de la Propriété Industrielle.

FIGURES 407 A 573

PARIS

LIBRAIRIE BERNARD TIGNOL

PUBLICATIONS DE LA

Librairie de l'École Centrale des Arts et Manufactures

53 *bis*, QUAI DES GRANDS-AUGUSTINS, 53 *bis*

BOULONS
RIVETS, CHAUDRONNERIE

CHAPITRE PREMIER

Nous croyons utile de donner, comme AVANT-PROPOS à cette partie de notre Encyclopédie, quelques notions générales sur le tracé ou la fabrication des organes les plus simples et, partant, les plus fréquemment employés, ainsi que sur les engins accessoires ou accidentels y ayant trait; ayant, de cette façon, assez déblayé le terrain, il nous sera permis d'aborder, sans regarder en arrière, le problème si moderne de la production ou de la réception de la force motrice que nous nous poserons, selon notre programme, dès la fin de ce cinquième volume.

Si la complexité de ce dernier sujet nous fait une obligation d'effleurer seulement certains points cependant très importants, il n'en restera pas moins acquis que nous aurons éveillé sur eux l'attention du lecteur qui pourra, ensuite, compléter son instruction en se reportant aux branches qui l'intéressent plus spécialement.

ASSEMBLAGES

Nous avons vu, dans les chapitres précédents, que l'on nomme *assemblage* tout moyen de réunir deux ou plusieurs pièces par un autre procédé que par soudure.

On distingue deux sortes d'assemblages : 1° ceux qui sont invariables, que l'on fait avec des *rivets;* 2° les assemblages mobiles, obtenus par *boulons*, *vis*, *clavettes* ou *goupilles*.

Le cas de beaucoup le plus fréquent étant l'assemblage des tôles, soit dans la construction des ponts, navires, charpentes métalliques, tôlerie, soit dans la petite et la grosse chaudronnerie, métiers ou industries où l'on fait usage de la pièce de la forme la plus simple entre toutes : le rivet, c'est par l'étude de ceux-ci et des *clouures* que nous ouvrirons ce chapitre.

RIVETS

Un *rivet* se compose d'une *tige* ou corps cylindrique et d'une *tête* affectant des profils variés ; il n'y a généralement pas à s'occuper des proportions de la tête, qui est fabriquée mécaniquement et qui possède des dimensions en rapport avec le diamètre de la tige ou avec la matière composant celle-ci ; cependant, comme le riveur peut être appelé à confectionner un outil ou *bouterolle* pour reproduire une tête en tout semblable, nous en donnons plus loin les proportions les plus usuelles.

La tige traverse les pièces qu'il s'agit de liaisonner ; d'un côté, la tête s'appuie contre l'une des tôles et, au moment de la pose, le rivet dépasse l'épaisseur totale des pièces d'une certaine quantité, dont nous donnerons également la longueur, laquelle est fonction du diamètre et de la forme de la seconde tête que l'on façonne avec cet excédent de longueur ; les tôles, ainsi serrées soit à chaud, soit à froid, sont invariablement jonctionnées et ne doivent plus pouvoir s'écarter *dans aucun sens*.

Les rivets se font en fer, en acier doux ou en cuivre ; excepté pour les petites dimensions, objets d'une industrie spéciale, la tête des premiers s'obtient et se pose toujours à chaud ; les rivets en cuivre se posent toujours à froid ; les rivets en fer dits *à froid* ne s'emploient que pour la tôlerie mince ; la limite extrême de leur diamètre est 10 millimètres et leur tête écrasée se rapproche le plus souvent de la forme cylindrique ; il n'y a, ici, que peu à en dire ; leur

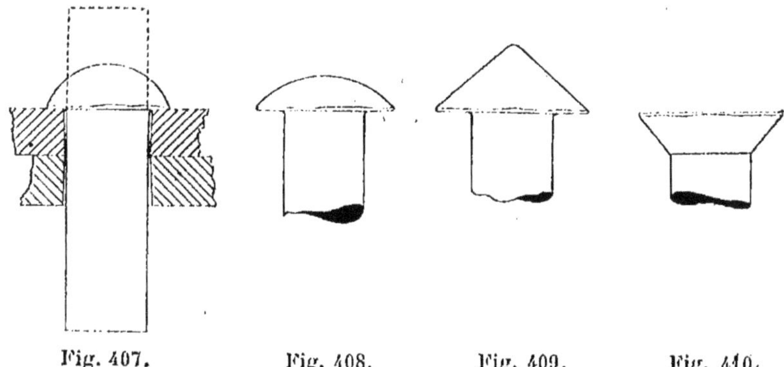

Fig. 407. Fig. 408. Fig. 409. Fig. 410.

rivure n'est pas aussi solide que celle des rivets *à chaud*; il faut prendre la précaution de les recuire ; la clouure n'est pas étanche et les têtes sont gercées et écrouées.

On distingue 4 genres de têtes de rivets qui, par abréviation, donnent leur nom au rivet lui-même : rivet hémisphérique ou, plus vulgairement, *rivet rond* (fig. 407), le plus employé, le *rivet en goutte de suif* ou plat (fig. 408), le *rivet conique* (fig. 409), le *rivet fraisé* (fig. 410) ; avec ce dernier rivet, la tête affleure la surface de la tôle que l'on a fraisée sur un cône correspondant.

Il est bon de remarquer qu'il existe assez souvent un léger arrondi à la rencontre de la tige et de la tête ; en effet non seulement cet arrondi est presque impossible à éviter en fabrication courante, à cause de la prompte usure de la *matrice* à cet endroit, mais il donne une solidité plus grande, surtout dans la rivure d'assemblage exclusivement pratiquée dans les charpentes métalliques, où le trou offre du jeu.

En raison de ce qu'un rivet est posé à chaud, il est nécessaire de bien se figurer la façon dont il réunit les tôles, et le travail qu'il subit dans ce mode de fixation ; les trous dans lesquels passe la tige sont un peu plus grands que le corps du rivet ; le premier effet de la rivure, sur lequel nous reviendrons, est de remplir plus ou moins exactement les cavités des tôles ; puis, une fois la tête obtenue, la température a diminué tant au contact du métal que sous l'influence de l'air ambiant ; il y a donc contraction de la tige et, par suite, serrage entre les têtes du rivet. C'est sur ce serrage que sont basés les calculs théoriques de la rivure, calculs un peu incertains puisqu'ils font intervenir des températures difficilement appréciables ; ils ont néanmoins confirmé les formules empiriques dont on faisait usage dans les ateliers.

Nous en retiendrons donc qu'il faut considérer un rivet comme subissant une *traction selon l'axe*, quand il est posé dans de bonnes conditions, et non un cisaillement dans le sens du joint des tôles, comme on a tendance à le croire.

C'est l'*adhérence*, existant entre les pièces et résultant de l'allongement du rivet après refroidissement, qui empêche les tôles de glisser l'une sur l'autre ; il est essentiel de remplir cette condition pour maintenir les pièces par le serrage des rivets, surtout quand les tôles sont percées au poinçon et qu'on est, par suite, obligé de donner un jeu plus fort et du cône aux trous des rivets.

Dans le tableau (page 5) que nous avons dressé des types principaux du commerce, nous avons dénommé *chute de barre* la longueur de fer rond que l'on fait tomber à la

Proportions pratiques des rivets et du fer brut nécessaire en millimètres.

Diamètre du rivet. .	8	10	12	14	16	18	20	22	25	28
Épaisseur de la tôle.	4	5	6	7	8	10	12	14	16	18
Diam. de la *tête ronde.*	12	15	18	22	24	27	30	32	37	42
Haut. —	4	5	6	7	8	9	10	11	13	14
Chute de barre	30	37	43	49	58	68	80	93	107	120
Diam. de la *tête plate.*	14	16	20	24	27	30	34	37	42	48
Haut. —	4	5	5	6	7	8	9	10	11	13
Chute de barre	31	38	45	51	61	72	83	98	110	125
Diam. de la *tête conique.*	16	20	24	28	30	35	38	41	47	54
Haut. —	7	8	10	12	13	15	17	18	20	23
Chute de barre	31	38	44	50	60	69	82	95	109	123
Diam. de la *tête fraisée.*	14	18	22	25	29	32	36	40	45	50
Haut. —	4	5	6	7	7	8	10	12	13	15
Chute de barre	27	32	38	43	52	60	72	84	96	110
Longueur sans tête. . .	20	24	28	31	38	45	55	65	75	85

cisaille pour confectionner la tige et les deux têtes du rivet. Ainsi que nous le verrons dans la fabrication, ce ne sont que des longueurs moyennes ; l'ouvrier peut les considérer comme une première approximation pour le réglage de la cisaille ; une donnée empirique est de prévoir 5 à 6 fois le diamètre de la tige pour le volume qui formera la tête.

Rivure. — Elle consiste à écraser à chaud, à bras d'hommes ou à l'aide d'appareils, le bout de la tige qui dépasse la tôle et à en façonner la seconde tête selon la forme adoptée.

On commence par porter au rouge clair l'extrémité de la partie cylindrique ; on peut se servir pour cela d'un feu de forge, d'un four de fortune, quand on opère ce rivetage en plein air, d'un four spécial à vent ou de fours au pétrole, etc.

Le four de fortune est tout simplement confectionné d'une feuille de forte tôle percée de trous, roulée à un diamètre d'environ 0 m. 40 à 0 m. 50, ayant un fond mobile à la partie inférieure et portée sur 3 pieds ; le combustible employé est, généralement, le coke.

Dans les fours soufflés (fig. 411), un peu modifiées selon les circonstances, les parois, en matériaux réfractaires maintenus par des cadres métalliques, sont percées de trous soit cylindriques soit oblongs ou, de préférence, se logent des *cornues* recevant l'action directe du foyer ; le vent est donné par le support vertical, agencé en pivot creux ; les cornues sont alors ouvertes par un bout et les rivets n'y sont pas en contact avec le combustible. En outre la chauffe y est plus uniforme et il n'y a pas à craindre de brûler les rivets. Néanmoins, pour les gros diamètres, les rivets sont exposés au feu direct du four.

La température convenable étant obtenue par un de ces procédés, on introduit vivement le rivet, serré entre des tenailles, dans le trou des tôles, préalablement pincées par des serre-joints mobiles ou des boulons ; on maintient la tête

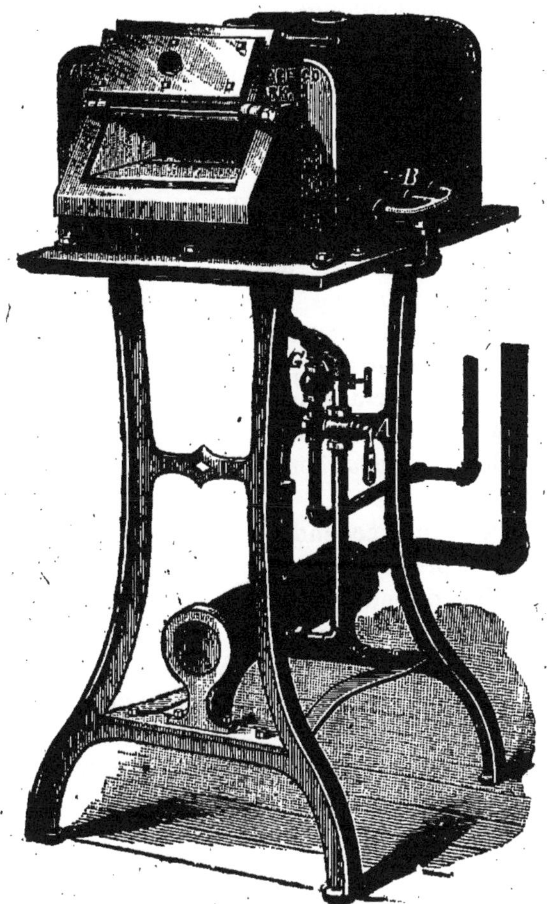

Fig. 411.

du rivet contre un *turc* ou encore l'aide-riveur soutient cette tête avec un fort marteau ou un levier ; puis, avec un autre *marteau* dit *de riveur*, l'ouvrier écrase le bout du cylindre en l'ébauchant grossièrement selon la forme désirée, mais plutôt conique.

Il doit commencer à petits coups en frappant, de temps à autre, sur les tôles pour les rapprocher.

Le métal est refoulé ainsi dans tout l'intérieur, même si les trous ne sont pas en correspondance axe pour axe; quand cette première phase de la rivure est bien faite, à température suffisamment élevée, ce refoulement peut empêcher les fuites par les rivets.

Pendant ce martelage, la tête du rivet s'est refroidie et est devenue à peu près noire; on l'achève alors avec la *bouterolle*, outil d'acier dont une extrémité est taillée en creux selon le profil final; il ne reste plus qu'à approprier l'arête rentrante formée par la rencontre de la tôle et de la tête, ce que l'on exécute soit avec la bouterolle elle-même, soit avec des outils *ébarbeurs*, à moins que l'on n'emploie le *matoir*.

Il est préférable, cependant, de ne pas mater les têtes de rivets, ce qui provoque une tension supplémentaire dans le col de la tige et peut faire sauter la tête; avec des rivets de fort diamètre on exécute, de préférence, ce travail sur des machines à river de divers systèmes.

Lorsque le rivet est posé trop froid, il peut arriver que la tête soit incomplète, la bouterolle n'ayant pas la puissance nécessaire pour refouler la matière, devenue plus résistante, jusqu'à son diamètre extrême.

Les trous des tôles ne coïncident pas toujours exactement; c'est pourquoi, dans des trous voisins, on enfonce une broche à coups de marteau pour rapprocher les axes; le diamètre du rivet est alors plus petit et, en s'écrasant à l'intérieur, il produit 2 corps excentrés si toutefois sa longueur sous tête correspond au volume total à occuper.

Pour les tôles d'acier on ne se sert pas de broches ; il faut aléser les trous avant rivure.

Le serrage préalable des tôles en contact est indispensable pour empêcher que, par refoulement, il se forme un bourrelet entre elles deux qui nuirait à l'étanchéité de l'objet ou de l'appareil que l'on confectionne.

Lorsque la clouure doit être étanche, on peut la mater ou encore interposer entre les tôles du papier ou de l'étanche quoique ce dernier procédé soit à éviter.

Pour qu'il n'y ait pas de fuite entre deux rivets consécutifs, on fait un chanfrein sur l'about d'une des tôles et on mate l'angle, à froid, avec un ciseau spécial : le *matoir*.

Si l'on s'aperçoit que le rivetage n'a pas été opéré d'une façon certaine, que la tête n'applique pas bien sur la tôle ou même qu'elle soit gercée, il est préférable de couper la tête défectueuse, de chasser le rivet et de recommencer la rivure ; cela est, en particulier, indispensable dans les travaux où l'assemblage doit être étanche comme par exemple dans les chaudières à vapeur, qui subissent une épreuve préalable pendant laquelle la fuite se ferait sûrement jour.

Écartement des rivets. — Il est assez difficile de choisir, en cette question, parmi toutes les formules que les auteurs et les constructeurs ont discutées théoriquement ou établies par expériences; celles qui paraissent être plus fréquemment appliquées dans les ateliers sont les suivantes :

Distance minima de l'axe au bord de la tôle. $1,5 \times d$.

Écartement, pour *poutres* de pont. $6 \times d$ à $12\ d$.

Écartement, pour *chaudières* (1 rang). 10 millimètres $+ 2\ d$.

Écartement, pour *chaudières* (2 rangs en quinconce). 20 millimètres $+ 3\ d$.

Rivetage mécanique. — On ne pose guère à la main de rivets d'un diamètre supérieur à 22 millimètres, exceptionnellement 25 millimètres; un ouvrier et ses aides peuvent produire moyennement, par jour, 250 à 300 rivets de 14 à 18 millimètres et seulement 100 à 125 de 22 millimètres; le poids des marteaux varie de 3 kilogrammes à 7 kil. 500; dans ces conditions il serait impossible de répondre aux besoins de l'industrie qui demande couramment aujourd'hui des pressions bien supérieures et, par suite des épaisseurs de tôles plus fortes, qu'il y a quelques années.

De même, dans les travaux d'art et les constructions métalliques ou navales, on a trouvé une économie considérable dans l'emploi des appareils mécaniques, hydrauliques ou à pression d'air; ils posent de 1.500 à 2.500 rivets par jour et certaines riveuses vont jusqu'à 300 rivets de 12 millimètres par heure.

On écrase des têtes de rivets dont le diamètre atteint 40 à 50 millimètres.

On a fait à ces riveuses le reproche de produire un travail moins soigné qu'avec des équipes de riveurs; nous croyons ce reproche immérité, car le remplissage des cavités est, au contraire, plus complet lorsque l'on chauffe le rivet sur une plus grande partie de sa longueur et que l'on donne à la bouterolle un profil conique se rapprochant de la forme en ogive; la compression alors est beaucoup plus forte dans les trous dont les petites bases sont au contact.

Les premières riveuses que l'on a construites dans ce but étaient à vapeur; on opérait brusquement et sans rapprocher les tôles au préalable; un piston actionnait un balancier et une série de leviers et on le mettait en mouvement par un tiroir manœuvré à la main.

Puis est apparu le système *Lemaître* (fig. 412) où on rapprochait d'abord les tôles placées sur un bâti en fer supportant la bouterolle inférieure I ; la bouterolle supérieure S est entourée d'un fourreau F articulé à une paire de leviers conduits par un balancier double, alors qu'un levier simple actionne la bouterolle inférieure ; aux extrémités des balanciers sont des bielles correspondant à deux pistons ; une seule poignée de manœuvre est dans la main de l'ouvrier pour l'admission de vapeur sur une face des pistons qui fonctionnent à simple effet.

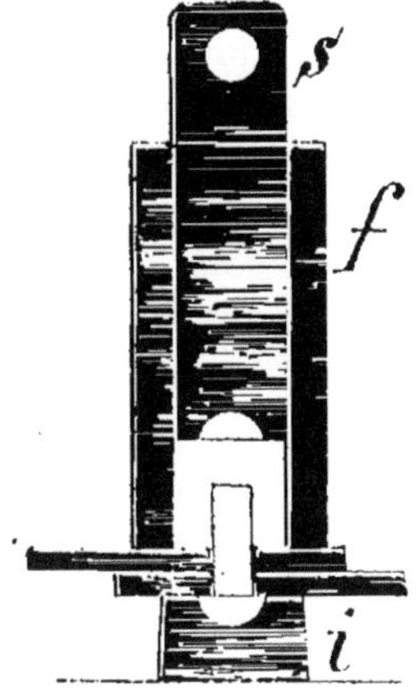

Fig. 412.

La machine *Gouin* (fig. 413-414) est à bâti en tôle, en forme de C ; les cylindres à vapeur ont le même axe et un fond commun mais leurs diamètres ne sont pas égaux ; celui du rapprochement est plus petit ; chaque piston est relié à une tige de piston passant concentriquement l'une dans

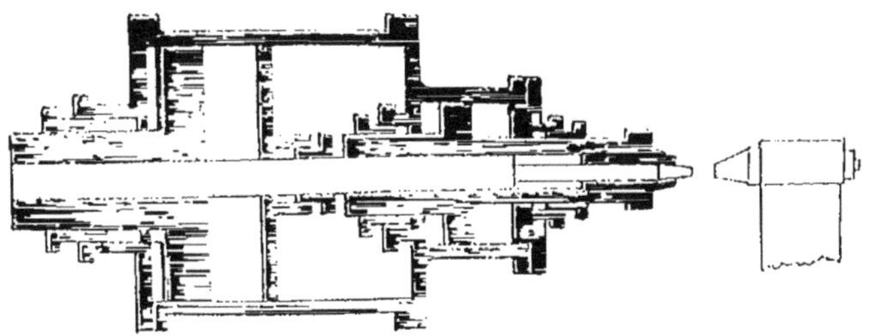
Fig. 413-414.

l'autre ; la production est de 1.800 à 2.000 rivets par jour, selon le diamètre.

On a fait aussi des riveuses par transmission, à la façon de certaines poinçonneuses cisailles que nous décrirons plus loin ; elles sont à excentrique à volant et une cale, que l'on avance ou que l'on retire, permet de river ou de marcher à vide ; en prévision d'efforts trop considérables qui provoqueraient la rupture des organes, on interpose, entre la cale et la bouterolle proprement dite, une pièce de sécurité, calculée pour s'écraser sous la pression limite.

Dans la *riveuse hydraulique Tweddel* et analogues, l'eau sous pression est admise par une poignée qui ouvre, en temps voulu, l'évacuation ; l'eau agit sur un piston intérieur relié à un C à articulation dont les branches portent les bouterolles ; l'ouverture à l'évacuation écarte les bouterolles pour une nouvelle opération.

Cette riveuse tient peu de place ; elle est très portative et on la suspend, d'ordinaire, à une grue avec tous ses tuyaux flexibles qui correspondent à une canalisation sur laquelle existe un *accumulateur*.

La riveuse *Husson* utilise également la force hydraulique ; elle est à bâti fixe et munie de 2 pistons qui se commandent ; l'un deux est mis en mouvement par une transmission à friction analogue à celle des machines à frapper les boulons et rivets. Il existe beaucoup d'autres machines opérant le rivetage, que le cadre que nous nous sommes imposé pour cet ouvrage ne nous permet pas de décrire en détail ; nous nous bornerons ici aux quelques éléments ci-dessus.

Les marteaux à *air comprimé* que nous avons décrit dans le deuxième chapitre (*Machines-Outils*) commencent à être très employés en France, après avoir fait leurs preuves aux États-Unis ; le rivetage s'opère d'ailleurs avec ces outils avec une grande économie de temps et de main-d'œuvre qui a, dès lors, beaucoup d'influence sur la réduction des prix de revient.

On pose, avec ces marteaux, des rivets en acier doux ayant jusqu'à 40 millimètres de diamètre, et couramment des rivets de 25 millimètres ; dans des essais réalisés à la Compagnie des chemins de fer de l'Ouest, avec un marteau de 9 kilogrammes et une pression de 7 kilogrammes par centimètre carré, la pose à chaud de rivets de 22 millimètres, sur une chaudière de locomotive, a demandé en moyenne 28 secondes par opération.

En agençant ces marteaux pneumatiques sur des cadres en forme de C plus ou moins profond, en fer ou en acier plein ou creux, on parvient à poser tous les rivets employés dans la construction des charpentes ou des bateaux. Il suffit, pour nous résumer d'un mot, de leur fournir un point d'appui ou *tas* sur la face opposée de l'assemblage.

CHAPITRE II

BOULONS (1)

Ils sont employés pour l'assemblage des pièces devant ou pouvant se démonter.

Le boulon ordinaire (fig. 415) se compose d'une tige filetée à une extrémité qui porte une tête à l'autre bout ; sur la partie filetée vient s'adapter l'*écrou*, percé d'un trou taraudé au pas de la même vis, à l'aide duquel on opère le serrage.

La forme du renflement est variable ; mais le plus souvent, en mécanique, on la fait hexagonale ; en carrosserie, dans plusieurs autres professions, on emploie des boulons spéciaux dont la tige, immédiatement sous la tête, est carrée sur une partie plus ou moins grande et dont on trouvera quelques spécimens plus loin ; la simple comparaison de la légende et des dessins qui s'y rapportent est, croyons-nous, suffisante pour donner l'idée des types variés employés dans l'industrie, sans qu'il soit utile de décrire chacun.

Le filet du boulon est presque toujours triangulaire ;

(1) La planche I contient les fig. 415 à 453.

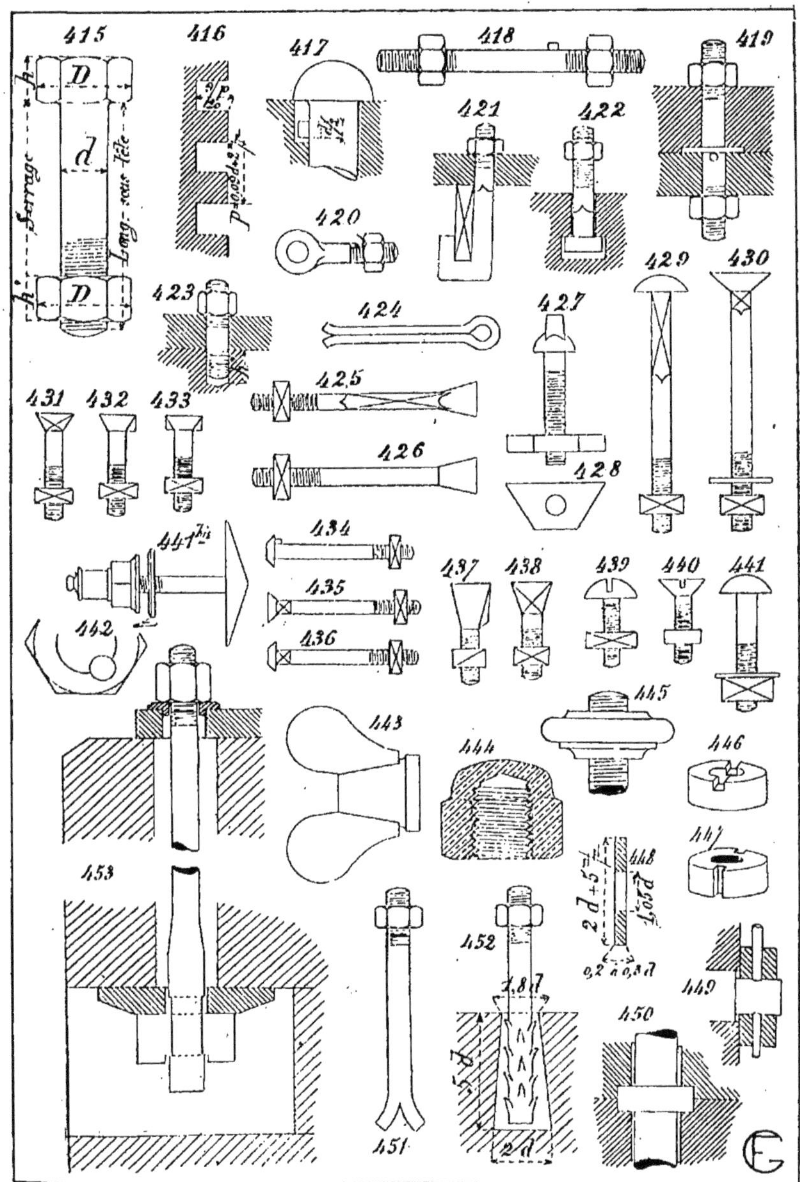

Planche 1. (Fig .415 à 453.)

nous en avons donné précédemment les proportions (*Machines-Outils*), il ne se fait carré (fig. 416) ou en demi-cercle, que dans des cas exceptionnels. Dans le même chapitre, nous avons passé en revue les différentes machines servant au filetage mécanique et au taraudage des écrous ; nous n'avons donc plus à décrire que les outils à la main et leurs supports.

On emploie aussi des boulons à tête carrée, hémisphérique (fig. 417) en goutte de suif (fig. 422) ou cylindrique ; les premiers conviennent plutôt aux charpentes en bois ; ils donnent plus de pression.

Tige taraudée à chaque bout, dite entretoise (fig. 418) ;

Boulon à œil (fig. 420) ;

Goujon au prisonnier (fig. 423) ;

Boulons de charrues à tête carrée et corps rond (fig. 431) ;

Boulons de roues à tête fraisée et un ergot (fig. 432), à tête fraisée et deux ergots (fig. 433) ;

Boulons de roues à corps carré (fig. 425), à corps rond (fig. 426) ;

Boulons de pompes (fig. 427 et 428) ;

Boulons tête ronde à collet carré long (fig. 429) ;

Boulons de bateaux, tête fraisée, collet carré, écrou carré (fig. 430) ;

Vis de foudre, avec écrou et rondelle en cuivre (fig. 441 *bis*) ;

Boulons de carrosserie (fig. 434, 435 et 436) ;

Boulons de patins, tête ronde conique à ergot (fig. 437) ou pyramidale (fig. 438) ;

Boulons pour poêliers, tête plate ou tête ronde fendues écrous carrés (fig. 439 et 440) ;

Boulons d'éclisses (fig. 441).

Tête hexagonale ou Boulons 6 pans. — Le diamètre de ces boulons se calcule d'après l'effort qu'ils ont à exercer et l'on admet, comme règle pratique que, par millimètre carré de sa section *à fond de filet*, la charge supportée ne doit être que de 1 kilogramme.

Les proportions de la tête, c'est-à-dire sa hauteur et le diamètre circonscrit à l'hexagone, sont indiquées dans la figure 415, en fonction du diamètre du corps du boulon.

$$D = 1{,}5\,d + 5 \text{ millimètres à } 2\,d$$
$$h = 0{,}8\,d \text{ à } d$$
$$h' = d \text{ à } 1{,}2\,d.$$

On abat généralement les angles par une surface conique s'arrêtant au cercle inscrit dans l'hexagone; enfin la partie la plus intéressante du boulon est le *serrage*, c'est-à-dire l'épaisseur des pièces qu'il a pour but de réunir, qui est égale à la longueur comprise entre les faces les plus rapprochées de la tête et de l'écrou; on en déduit celle de la partie lisse, qui lui est équivalente à quelques filets près, et la *longueur sous tête*, qui est sa dimension commerciale et qui doit aussi prévoir des filets supplémentaires hors de l'écrou; ces derniers facilitent le montage.

L'extrémité du filet se termine soit en arrondi, soit selon une surface conique ou tronconique, toujours dans le but de mieux faire mordre l'écrou sur les premiers filets.

Habituellement, on met en magasin, dans les ateliers, des séries de boulons de tous diamètres, dont les longueurs augmentent de centimètre en centimètre.

Filets carrés. — Ils sont employés pour de grands efforts et ont, communément, les proportions ci-contre (fig. 416); en raison de ce que les surfaces de contact entre les filets de la vis et ceux de l'écrou, sont moindres qu'avec le profil triangulaire, on fait la hauteur de l'écrou plus grande : $h' = 1{,}5\,d$, de façon à comprendre 12 ou 14 pas.

Ergots. — Quand on fait la tête du boulon cylindrique, conique ou hémisphérique, il est nécessaire de l'empêcher de tourner dans le même sens que l'écrou qui monte à serrement dur sur le filet ; on atteint ce but en ajoutant un ergot sous la tête (fig. 417), soit qu'il soit venu de fabrication, soit qu'on le façonne après coup ; cette saillie entre, évidemment, dans un creux de même forme pratiqué dans la pièce.

La dimension de cette saillie, dans le sens de l'axe de la tige, est la moitié du diamètre.

Boulons divers. — On est quelquefois conduit à rendre mobiles et indépendants l'écrou et la tête du boulon ; on remplace alors la tête par un autre écrou et on obtient le boulon à *double écrou* (fig. 418). Dans ce cas on empêche la tige de tourner, au moyen d'un ergot ajusté dans une rainure ; on peut aussi (fig. 419) employer une rondelle retenue par une goupille ou une embase.

Parfois la *tête* est en forme de T, comme dans les boulons de fixation sur les tables à rainures, et alors une partie de la tige est à section carrée (fig. 422), afin d'offrir plus de résistance et de mieux guider le déplacement.

Le *boulon à crochet* est spécialement employé pour réunir une pièce horizontale avec une pièce verticale qu'il ne faut pas percer (fig. 421) ; une partie de la tige est alors carrée et se retourne autour de la pièce verticale.

Pour les presse-étoupes, par exemple, on se sert quelquefois du *boulon à œil;* dans ledit œil passe une clavette ou une tige (fig. 420).

Un *goujon* ou *prisonnier* est un boulon à un seul écrou ; souvent ce n'est qu'une simple vis dont la tête est venue de forge avec la tige ; mais, dans la plupart des cas il possède deux filets séparés par une partie lisse (fig. 423) ; il faut prendre soin de percer le trou plus profond que la partie filetée qu'il doit recevoir, non seulement pour qu'elle ne butte pas dans le fond, mais encore pour la facilité du travail de taraudage. On fait généralement $h' = 2\,d$ $h = 1{,}5\,d$, h' étant la profondeur du trou et h la longueur des filets engagés.

Écrous. — Les écrous des boulons peuvent être fermés à la partie supérieure, afin de les soustraire à l'oxydation, qui nuirait à la facilité du desserrage ; on a alors l'*écrou à chapeau* (fig. 444), généralement à embase et coulé en bronze ; on l'appelle encore *écrou borgne*.

Les écrous à oreilles (fig. 443) se tournent à la main ; on emploie encore l'écrou à molettes de divers profils dans le même but (fig. 445).

La résistance des matériaux indique comme suffisante, dans de bonnes conditions de serrage, une hauteur d'écrous de un quart à un tiers du diamètre ; mais on ne descend jamais à ces proportions et le moins que l'on adopte, pour les *contre-écrous*, est $h = 0{,}75\,d$.

Quand on a besoin de manœuvrer souvent un écrou ou encore lorsque les pièces en contact supportent des vibrations, on préconise que la hauteur atteigne jusqu'au double du diamètre du boulon ; on obtient, en ce cas, un écrou haut ; mais nous pensons préférable l'emploi d'écrou avec contre-écrou, à cause du coincement extrêmement énergique, qui a lieu à la surface commune de contact de ceux-ci et qui résulte des réactions en sens contraires des deux écrous, sur leurs filets respectifs.

On est quelquefois obligé de ne laisser aucune saillie débordant les pièces, dans certains pistons par exemple, on peut alors employer les *écrous noyés* qui, au sens exact du mot, sont cylindriques et munis de trous ou d'encoches (fig. 446, 447) ; mais, la plupart du temps ; on se contente d'affleurer des écrous à six pans, plus pratiques, avec clés *ad hoc*.

Rondelles. — On fait surtout usage de rondelles, appelées aussi *rosettes*, avec les écrous qui doivent serrer sur une pièce de bois ou sur une matière peu résistante ; non seulement en effet, la pression se répartit sur une plus grande surface, mais cette surface elle-même reste nette quand on tourne l'écrou, car cette rondelle n'est pas entraînée dans la rotation.

Elles servent aussi à couvrir un trou plus grand que le diamètre exactement nécessaire au passage du boulon ; avec la fonte, on préfère faire venir un *bossage* dont la seule surface d'appui est décapée.

Les proportions des rondelles non goupillées sont indiquées sur la figure 448 ; mais lorsque la rondelle n'est pas en contact avec un écrou et qu'elle est retenue simplement en place par une *goupille*, on augmente un peu leur hauteur. Si la goupille traverse la rondelle selon un diamètre, on tient compte de la grosseur de la goupille qui s'ajoute évidemment à la hauteur donnée ci-dessus ; il doit rester assez de métal de part et d'autre de la goupille (fig. 449).

Souvent il est nécessaire de contrebalancer l'effort de cisaillement latéral des boulons qui ont du jeu dans les trous correspondants des pièces qu'ils réunissent ; on pratique alors un assemblage avec *rondelle incrustée* à mi-épaisseur ; la hauteur de la rondelle (fig. 450) est proportionnée à l'effort susceptible de fatiguer le boulon.

Goupilles. — Ce sont, pour la plupart, des tiges légèrement coniques, arrondies à leurs extrémités ; le cône doit être assez prononcé pour que, par le frottement dans le trou, il n'y ait pas crainte qu'elle sorte de sa cavité. Pour les petits assemblages ne se démontant pas trop fréquemment, on peut encore employer les *goupilles fendues*, dont les deux branches forment ressort et dont on ouvre les bouts qui dépassent le boulon (fig. 424).

On rencontre encore la goupille avec axe parallèle à celui de l'écrou et dont la loge est à mi-épaisseur dans la tige et dans l'écrou (fig. 442) ; mais ce cas est excessivement rare, car le serrage doit y être toujours exactement le même ; cette disposition est plutôt pratiquée pour l'assemblage de pièces absolument fixes, comme celui des manchons.

Boulons de scellement et de fondation. — Lorsque l'on ne peut pas employer de boulons à tête pour fixer une machine sur ses supports, on se contente de boulons de scellement (fig. 451) en queue de carpe dans un mur en maçonnerie ordinaire, ou (fig. 452) à section carrée ou ronde, lorsque la cavité est pratiquée dans la pierre de taille, avec barbelures sur les angles.

Cette cavité doit être un peu en cône, de même que le corps du boulon ; on donne au trou les proportions indiquées sur la figure, bien que quelques constructeurs se contentent de 0 m. 12 à 0 m. 20 de profondeur en maçonnerie dure ; dans le béton il faut augmenter cette hauteur.

On retient le boulon en place avec du plâtre ou du ciment ; mais il est préférable de rejeter le plâtre qui se désagrège sous l'effet des trépidations ; on y coule encore : du soufre, qui oxyde la tige, avec laquelle il fait très bien corps et qui augmente de volume à la prise ; du plomb, qu'il faut mater ensuite soigneusement parce qu'il se contracte ; du mastic de fonte, dont l'inconvénient est la grande dilatation dont on ne saurait trop se méfier, surtout si le scellement est pratiqué dans un angle de la pierre.

Les boulons de fondation ont, relativement, une grande longueur et, par conséquent, ne peuvent être terminés par une tête (fig. 453) ; on la remplace par une clavette à talons qui l'empêchent de sortir de son alvéole ; afin que cette clavette ne pénètre pas dans le massif de maçonnerie, on interpose une forte rondelle et même une plaque de tôle ou de fonte. C'est par une ouverture réservée latéralement dans la maçonnerie, que l'on pose cette clavette et la rondelle ; il n'y a plus qu'à serrer l'écrou supérieur sur sa rondelle et sur la plaque, dans laquelle cette dernière se maintient et se centre, pour activer la mise en place du boulon de scellement.

La fixation, par scellements, d'une machine sur son emplacement, demande beaucoup de soins; il est indispensable de fabriquer un gabarit grossier, en planches ou en voliges, sur lequel on repère exactement les trous des boulons de fondation et que l'on perce à leur diamètre réel ; ce gabarit sert à pratiquer les trous aux points désignés et dans le sens qu'il faut, et empêche très souvent des fausses manœuvres, comme par exemple dans le cas de la figure 488 (Pl. III), où une interprétation vicieuse du plan par le maçon, entraînerait non seulement l'impossibilité d'installer la machine, mais souvent une réfection coûteuse de la pierre ou du massif.

Freins de desserrage (1). — Malgré le bon serrage des boulons, les trépidations répétées de la machine ou de la transmission arriveraient à desserrer les écrous si l'on n'usait de moyens pour empêcher ce déplacement ; ils varient selon les circonstances ; mais le plus simple est le *contre-écrou* qui produit parfois un serrage si énergique qu'il faut des efforts violents et parfois la chaleur pour séparer les surfaces en contact.

Un autre dispositif consiste à percer la tige d'un trou

(1) La Planche II contient les fig. 454 à 471.

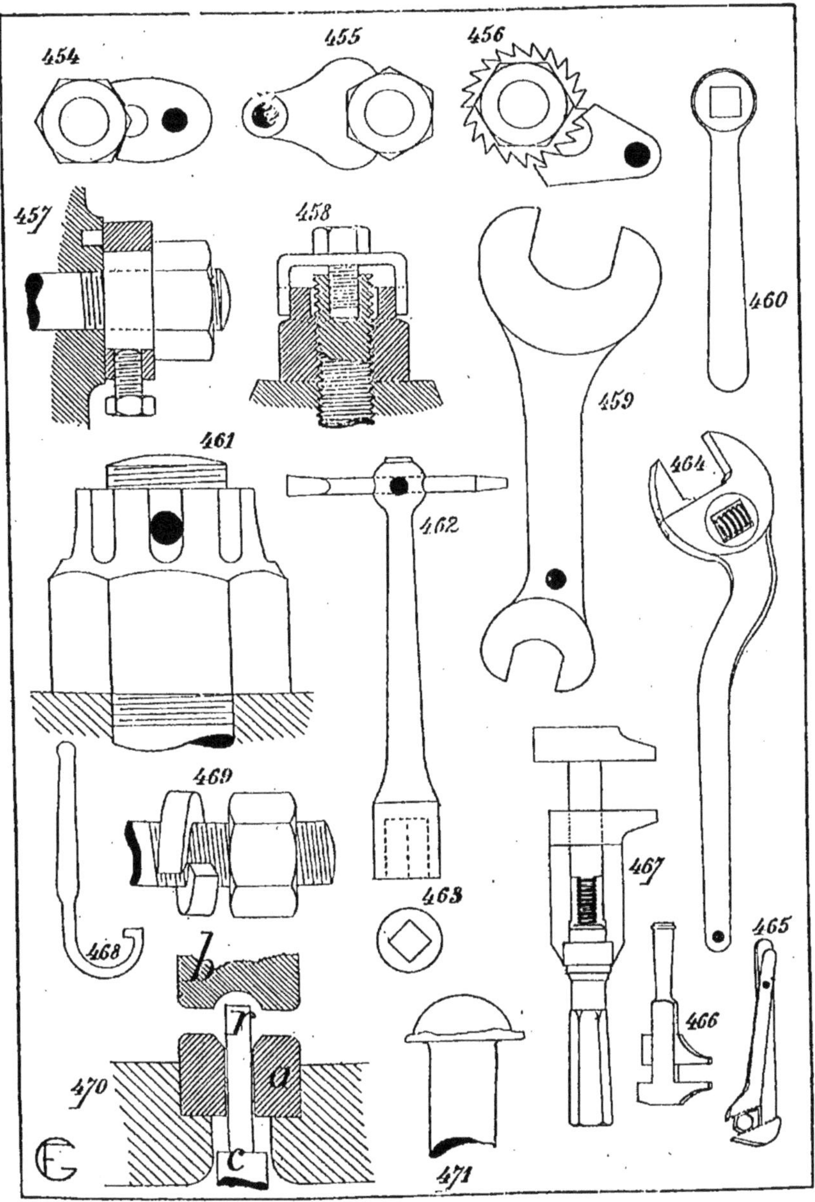

Planche II. (Fig. 454 à 471.)

rond, pour une goupille, ou à pratiquer une ouverture rectangulaire, pour une clavette; mais, en cas de serrage, la goupille ne touche plus l'écrou, tandis que la clavette peut être faite en pente pour rattrapage de jeu ou double à plan incliné.

Le *frein à clé* est celui où on entoure, plus ou moins et sous diverses formes, l'écrou avec une clé dont l'autre extrémité est maintenue par un point fixe (fig. 454, 455).

D'autres fois, l'écrou est à embase taillée avec divisions en nombre entier sur le pourtour; dans ces crans vient se loger un ressort ou une goupille, une vis, maintenus par la machine (fig. 456).

Le *frein à collier* se fait en façonnant l'écrou autour, dans sa partie inférieure; sur cette partie cylindrique, on vient placer une rondelle portant un ergot (fig. 457) et qui, ainsi, ne peut tourner; cette rondelle porte une vis latérale de pression.

Il y a encore le frein à chapeau (fig. 458), qui rend solidaire l'écrou de l'extrémité de la tige; d'autres systèmes de freins sont représentés par les figures 461 et 469.

Clés. — Les clés sont des leviers en fer, acier, fonte malléable, etc., à l'aide desquels on procède au serrage ou au desserrage des écrous; elles sont terminées à une ou aux deux extrémités (quand la clé est *double*), par des renflements dans lesquels on taille la forme approchée de l'écrou (fig. 459).

La clé est *fermée* quand elle a l'empreinte complète de l'écrou; elle est dite aussi à canon; elle est plus solide et déforme moins les écrous; mais elle est moins commode que la clé ouverte (fig. 460).

Les clés à *douille* servent surtout en profondeur, comme pour la manœuvre des robinets de tuyauterie sous le sol (fig. 462 et 463).

Elles sont également à crochet (fig. 468) pour la manœuvre des écrous cylindriques ou *à ergot*.

Il suffit, d'ailleurs, de se reporter aux figures 464 à 467, pour se rendre compte de la variété des types de clés imaginées pour correspondre à la multiplicité des formes et des destinations des écrous :

Clé à molette, à tête trempée (fig. 464) ;

Clé pour écrous et aussi pour fers ronds ou pour tubes (fig. 465) ;

Clé parisienne (fig.

Clé anglaise (fig.

CHAPITRE III

FABRICATION DES RIVETS ET DES BOULONS

Avant de décrire les procédés employés pour faire les filets de la vis et de l'écrou, nous allons dire quelques mots des moyens mécaniques adoptés pour confectionner la tête des boulons et des rivets ; dans le chapitre *Forge et Fonderie*, nous avons indiqué la manière de faire la tête à la main, soit par refoulement de l'extrémité de la tige brute, soit par encollage d'une bague proportionnée ; mais, sauf pour des dimensions exceptionnelles ou spéciales, ce système est peu économique, car la main-d'œuvre à bras d'homme ne peut supporter la comparaison avec la rapidité et la perfection des machines-outils.

Les appareils servant à la fabrication mécanique sont basés sur le principe du refoulement d'une tige ronde, en ce qui concerne du moins les formes usuelles ; le fer convenable est d'un diamètre légèrement plus petit que celui du rivet ou du boulon qu'il faut obtenir, un demi-millimètre en moyenne, et sa longueur est proportionnée au volume définitif du rivet, en y comptant le déchet ; la pratique des boulonniers est de prévoir, pour la longueur de chute nécessaire à la confection de la tête :

$l = 4$ à $6\,d$
$d =$ diamètre du rivet terminé,
$l =$ bout de tige correspondant ;

les chiffres du tableau de la page 5 ont été établis en conséquence; cependant, il ne faut les considérer que comme des indications approximatives, ainsi que nous le verrons plus loin.

Ce corps cylindrique est chauffé par un des systèmes mentionnés pour la rivure, dont les figures 472 et 473 représentent des spécimens ; il est introduit dans une matrice *a* en acier, lorsque la bouterolle *b* est relevée (fig. 470) ; le bout inférieur du rivet bute contre un *bonhomme* mobile *c*, dont le mouvement n'a pour but que de chasser la pièce *r* de bas en haut ; pour le moment, supposons-le absolument immobile. La matrice est solidement assujettie dans l'axe *b* par des vis de serrage, par exemple, ou par un porte-matrice.

La bouterolle *b*, aussi en acier, se meut avec force de haut en bas ; on la monte ordinairement sur le nez d'une vis puissante de *balancier ;* en arrivant avec une certaine vitesse sur l'extrémité supérieure du rivet, le choc produit par *b* écrase le fer et le moule dans le vide de la matrice et de la bouterolle jusqu'à ce que celles-ci soient presque au contact ; il ne faut pas, en effet, que *a* et *b* puissent se toucher ; c'est pour cette raison qu'on prévoit un excédent de matière plus ou moins considérable et qu'il se forme une bavure irrégulière (fig. 471) tout autour de l'arête de la tête ; sur un outil approprié on *ébarbe* ensuite le boulon ou le rivet.

Le col de la pièce *r* s'est légèrement gonflé aussi, de sorte qu'il y a coincement dans la matrice ; à ce moment la machine relève la bouterolle *b* et, par un moyen quelconque, automatique, à la main ou au pied, on actionne le bonhomme *c* de bas en haut pour faire sauter le rivet hors de son alvéole et reproduire la même série d'opérations.

A cause de la température du rivet, la matrice a tendance à s'échauffer, à se détremper plus ou moins et surtout à se dilater ; pour toutes ces raisons il pourrait y avoir variation dans les dimensions et détérioration des arêtes ; c'est pourquoi on la refroidit par un courant d'eau.

La figure 470 représente une fraisure dans la matrice *a;* elle est presque indispensable quand on fabrique des boulons, la tête ainsi obtenue étant, dans une seconde passe après réchauffement préalable, refoulée sur sa forme définitive : à 6 pans, cylindrique, carrée, etc. ; mais, pour les rivets ordinaires, cette fraisure n'existe pas (à moins que la tête ne soit complètement hémisphérique ou ogivale) car ils sont façonnés en une seule chaude ; il est bon d'ajouter que certaines pièces brutes ne nécessitent qu'une frappe, cela au détriment de la régularité et du bien fini.

Nous donnons (fig. 472-73) l'ensemble d'un balancier moyen qui peut frapper d'un seul coup les têtes des rivets, boulons, tirefonds, crampons, etc., et à propos duquel nous allons entrer dans quelques développements.

Le *frappage* des rivets et des boulons, lorsqu'on le fait à chaud, c'est-à-dire pour des diamètres supérieurs à 10 ou 12 millimètres, peut s'effectuer sur la *machine Vincent*, sorte de balancier plus ou moins puissant dont le trait caractéristique est la mobilité verticale d'un écrou dont la vis est fixe et ne possède qu'un mouvement de rotation.

L'ensemble d'une machine à frapper de ce système est donné figure 473 ; on y remarque un solide bâti dont la face de travail a l'aspect général d'un H consolidé, par derrière, par des jambes de force inclinées et réunies à la façade par un soubassement, le tout venu de fonte ; les organes de

Fig. 472.

transmission sont disposés à la partie supérieure; ils consistent en une poulie, sur laquelle passe la courroie de commande, calée sur le même arbre que deux cônes à friction, garnis de cuir, qu'elle entraîne dans sa rotation.

Cet arbre n'est pas rigoureusement assujetti dans ses coussinets; il peut s'y déplacer dans le sens longitudinal, ce à quoi ne s'oppose pas la poulie de commande à cause de la longueur de la courroie qui la fait tourner.

Fig. 473.

Les cônes de friction sont situés de part et d'autre et à égale distance du cône central fixé sur la tête de la vis de balancier; il est aisé de comprendre que la rotation de la vis se fera soit à droite, soit à gauche, selon que l'un ou l'autre des cônes à axe horizontal sera mis en contact avec le cône central, car ce sont les extrémités du diamètre qui sont alternativement attaquées; par conséquent la vis tournera soit à droite, soit à gauche.

Dans ces conditions, comme elle ne peut prendre aucun mouvement selon son axe, c'est l'écrou qu'elle conduit qui sera astreint soit à monter, soit à descendre, selon que l'on mettra en contact l'un ou l'autre des cônes supérieurs avec celui de la vis.

La manœuvre de l'ouvrier consistera donc à approcher,

par une série de leviers équilibrés, tantôt la roue de droite, tantôt la roue de gauche ; l'écrou, sollicité par la vis, décrira un déplacement vertical ; la matrice est portée par une pièce liée rigidement à l'écrou ou *enclume ;* la bouterolle est maintenue sur la traverse horizontale du bâti ; la rencontre de ces deux outils utilisera, enfin, la force d'impulsion acquise par la vis centrale et son cône pour refouler la tête du rivet ou du boulon dans le vide formé par la bouterolle.

Chacun de leur côté, l'écrou et l'enclume sont guidés par des glissières réglables portées par le bâti ; leur poids est neutralisé, dans la descente et dans la montée, par des contrepoids disposés dans la fondation et avec lesquels ils sont mis en rapport par des chaînes passant sur des poulies agencées à l'arrière de la machine ; de plus l'écrou est muni d'un appendice venant, en avant, entourer la tige de commande de mise en train ; sur une hauteur correspondant au parcours de l'appendice, la tige est filetée, afin de pouvoir faire varier la position des butées contre lesquelles choque l'appendice aux extrémités de la course.

D'autre part, l'enclume supporte la matrice par l'intermédiaire d'un porte-matrice qui se centre d'une façon rigoureuse dans l'axe de la bouterolle ; à cet effet on peut corriger sa mise en place au moyen de quatre coins manœuvrés par des vis verticales que l'on cale à demeure aussitôt que la matrice est parfaitement centrée ; deux des organes de blocage se voient sur le devant de l'enclume.

A l'intérieur de la matrice, de l'enclume et même d'une autre pièce dont nous allons parler, le chasse-pièces, surmonté du bonhomme proprement dit, reste à hauteur constante par rapport à l'enclume. On limite cette hauteur au moyen de la roue de réglage inférieure qui fait monter ou descendre le bonhomme de butée de la quantité exactement correspondante à la longueur sous tête qu'il s'agit d'obtenir.

Comme accessoires, des rondelles Belleville amortissent le choc de l'enclume au bas de son mouvement descendant, et, par leur compression, réduisent la longueur totale du chasse-pièces, de telle sorte que le boulon est forcé de sortir de la matrice ; une petite tablette métallique reçoit les tiges préalablement chauffées au rouge clair ; le refroidissement de la matrice s'opère constamment par un mince filet d'eau qu'amène un tube mobile, en caoutchouc par exemple ; une coulotte, située à l'arrière et non représentée sur la figure, conduit les tiges extraites de la matrice à tout autre outil de travail ultérieur.

Le fonctionnement de la machine est le suivant : en abaissant le levier de manœuvre, l'ouvrier *frappeur* amène l'un des cônes de commande en contact avec le cône de la vis ; celle-ci, en tournant donne une impulsion vigoureuse de relevée à l'écrou et, par suite, entraîne l'enclume vers la bouterolle fixe contre laquelle s'écrase la tête à former ; l'inertie fait que le mouvement ascensionnel n'est pas arrêté par la butée haute de la tige taraudée, laquelle butée, néanmoins, provoque automatiquement le retour de l'arbre de commande d'abord dans sa position moyenne, puis enfin met en prise le cône opposé avec le cône central ; la vis tourne en sens contraire et l'enclume descend.

Au point convenable, le bonhomme repousse le rivet terminé et l'expulse automatiquement encore de la matrice, en vertu de ce que le chasse-pièces, maintenu contre les rondelles Belleville les plus inférieures, ne peut descendre aussi bas que l'enclume.

A ce moment aussi l'appendice de l'écrou rencontre la butée inférieure de renversement de marche ; l'ouvrier introduit une autre tige, embraye fortement le cône de relevée et recommence les opérations précédentes.

Le mouvement étant limité automatiquement par les écrous de la tige du régulateur, il est possible d'obtenir des têtes avec ou sans bavure ; la bavure est nécessaire lorsque le rivet doit être maté au moment de son emploi ; sinon c'est une dépense inutile de matière et de main-d'œuvre subséquente.

Un ouvrier quelque peu exercé peut produire de 30 à 40 rivets ou boulons par minute ; le diamètre maximum atteint, avec les machines construites à ce jour, tout au moins, est de 50 millimètres, correspondant à une longueur sous tête de 350 millimètres.

Le même système de machine est applicable au frappage ou étampage des pièces de série, c'est une question d'outillage.

A la suite du frappage, on fait passer le rivet à l'ébarbage, si besoin ; quant aux boulons, selon le fini qu'ils doivent présenter, on les soumet à diverses manipulations sur des appareils manuels ou mécaniques ; c'est ainsi que l'on rencontre, dans les ateliers spéciaux à cette fabrication, des machines à ébarber sur simple balancier ou au moteur ; en ce dernier cas, la pièce est engagée par son corps cylindrique dans un outil faisant office de mâle par rapport à une matrice ayant le contour exact de la tête ; un mouvement d'excentrique opère la section de la bavure à la façon du découpage des rondelles.

Les machines à forger les écrous découpent ceux-ci à même une barre chauffée à température convenable, poinçonnent le trou qui sera taraudé par la suite et l'étampent sur les formes définitives des chanfreins abattus.

Les taraudeuses ont été décrites dans un chapitre précédent ; il n'est donc pas utile d'y revenir ici, si ce n'est pour remarquer qu'elles sont de construction beaucoup plus robuste, qu'à propos des machines-outils, mais par contre, moins précises, n'ayant à ouvrer qu'un métal à l'état brut.

Les tirefonds se fabriquent ordinairement à chaud, au moyen de lames circulaires taillées en hélice qui taraudent le filet de vis à bois de la vis conique. Quant aux écrous, il est possible de les blanchir et de les chanfreiner sur une machine où les outils sont constitués par des sortes de fraises à lames indépendantes ; enfin les cisailles sont disposées avec des guides et l'ouvrier, selon la puissance de la cisaille, pousse ordinairement deux barres à la fois, préparant ainsi deux chutes dont on fera des rivets.

Filetage et Taraudage (1). — Nous compléterons ici ce que nous avons dit du filetage et du taraudage mécaniques dans le chapitre *Machines-Outils* par la description des outils servant à faire ces opérations à la main.

Les filets de la tige d'un boulon sont confectionnés entre des *coussinets* en acier trempé que l'on maintient dans une *filière ;* quand le diamètre est inférieur à 8 millimètres, on se contente de la filière simple (fig. 474), plaque d'acier munie d'une poignée et percée de trous taraudés à différents diamètres ; de petites rainures longitudinales facilitent le départ de la limaille ; pour fileter le fer, on met une goutte d'huile.

Pour de plus grandes dimensions, on se sert de filières doubles où s'emboîtent des coussinets en une, deux ou plusieurs parties dans une cage ménagée à cet effet et qui est disposée en vue de la plus grande facilité et de la meilleure exactitude du travail. L'ensemble d'une filière à coussinets rappelle la forme d'un *tourne-à-gauche*, ou levier à deux branches symétriques.

Les filets des coussinets (fig. 475) sont très soigneusement faits à la machine ou avec des tarauds étalons, puis trempés ; pour *tremper* les coussinets, on les chauffe au

(1) La Planche III contient les figures 474 à 488.

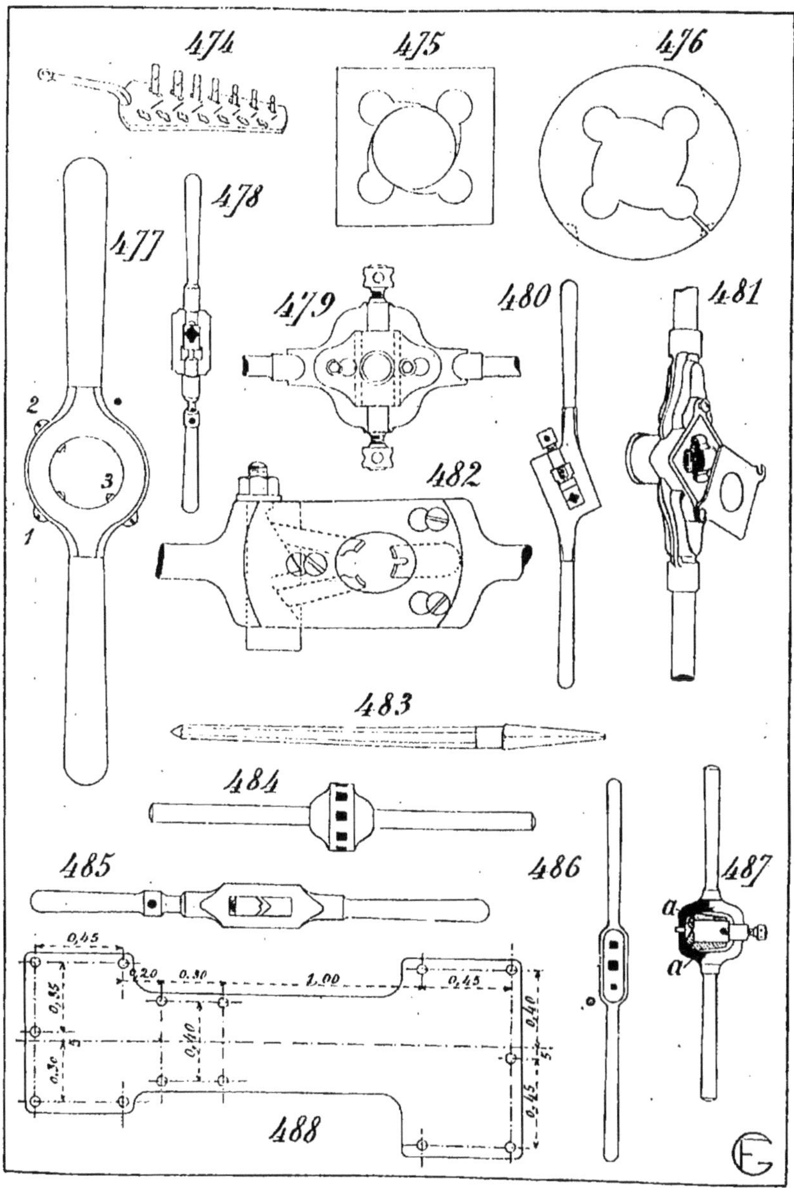

Planche III. (Fig. 474 à 488.)

rouge cerise et de préférence en vase clos, dans du poussier de charbon de bois ; si on les chauffe dans un feu ouvert, avoir soin de se servir de charbon de bois, avec feu vif et bien en train ; on modère le vent, quand on les pose au feu, pour l'actionner ensuite ; on les retourne de temps à autre pour égaliser convenablement la température.

On peut les tremper à l'eau, verticalement, puis, lorsque l'incandescence a disparu, les refroidir tout à fait dans l'huile ; mais il vaut mieux les tremper dans le suif ou dans l'huile.

On les fait revenir sur fer rouge ou sur feu ouvert, brun clair ou foncé, suivant les applications, en leur laissant la couche de graisse adhérente, pour faciliter l'observation de la propagation des couleurs de recuit.

La figure 476 est celle d'un coussinet en une seule pièce, fendu d'un côté seulement ; la filière (fig. 477) porte trois vis, 1, 2, 3 ; la vis 1 s'engage dans la fente du coussinet et provoque son ouverture, tandis que les deux autres vis, diamétralement opposées, la referment ; cette disposition permet de serrer ou d'élargir légèrement les coussinets.

D'autres fois, les coussinets se font par paires et il existe beaucoup de systèmes pour les maintenir dans les filières et, en même temps, pour les rapprocher ou les écarter ; c'est donc par la forme de la cage qu'on les différencie.

Quoi qu'il en soit de leur mode de fixation, le travail pour fileter une tige consiste à adapter les coussinets, montés dans leur filière, sur l'extrémité de la vis et à leur y donner une légère pression initiale ; puis, par de petites secousses de sens opposés sur les bras de la filière, on fait pénétrer les aspérités du coussinet dans le métal jusqu'à ce que quelques filets soient en prise ; à ce moment on serre plus énergiquement et on répète les mouvements du tourne-à-gauche jusqu'à finition complète ; il ne faut pas oublier de graisser assez abondamment ; avec des outils neufs, il est possible de confectionner en une seule passe toute la profondeur du filet; sinon, on le fait en un ou plusieurs serrages.

Nous donnons (fig. 478 et autres) quelques types des filières les plus usitées; ce que l'on doit rechercher avant tout dans le choix de ces outils, c'est que le jeu des coussinets y soit réduit au strict minimum et à la volonté seule de l'ouvrier, afin que l'exactitude du filetage soit aussi complète que possible; il y a lieu aussi de se préoccuper de la facilité avec laquelle on peut remplacer ou ouvrir ces coussinets dans le but d'accélérer leur sortie de la tige du boulon. La filière de la figure 478 est en deux parties; l'une d'elles comprend un des bras et la cage; le second bras se visse dans la cage et appuie sur les coussinets que l'on introduit par l'échancrure plus large; l'inconvénient, c'est que les bras de levier sont variables avec les diamètres de boulons et que la vis, prenant un certain jeu à l'usage, on n'est pas sûr qu'elle appuie régulièrement les coussinets à fond de filets.

Une meilleure disposition est celle de la figure 479, où on emploie deux vis de pression et quelquefois même une seule; le coussinet, en deux parties, est maintenu dans la cage soit par des rainures, soit par une platine (fig. 481), et par des vis dont les têtes peuvent passer dans les deux autres trous de la platine, pour le démontage ou le changement des coussinets.

Dans la filière anglaise (fig. 480) on voit nettement la position oblique de la cage par rapport aux bras et le serrage par une seule vis; on peut lui reprocher que les leviers ne sont pas égaux, le centre des coussinets étant rarement au milieu de la longueur totale, quoique ce défaut soit de peu d'importance si l'ouvrier pose les mains à des distances égales de chaque côté de la tige à fileter.

On a cherché à éviter le renflement de la cage par la disposition Whitworth ; la cage a une ouverture cylindrique ou ovale (fig. 482) et reçoit trois coussinets dont un est fixe ; les deux autres sont poussés vers le centre par une seule clavette à vis façonnée sur deux plans inclinés qui appuient simultanément sur la tête des coussinets mobiles.

La filière américaine Walworth est à cadre pour coussinets, avec platine mobile d'un quart de tour sur une vis placée à un de ses angles (fig. 481) ; le coussinet est en une seule pièce et peut se loger ou se retirer très promptement ; la platine est assujettie par la deuxième vis d'angle ; de plus la cage porte, en dessous, un guide qui se fixe au moyen d'une vis de pression.

Une dernière filière ou filière Billings est à clavettes mobiles et façonnées en équerre (fig. 487) ; elles pivotent autour du point *d* et maintiennent les coussinets en position ; en desserrant un peu la vis supérieure et en pressant le bouton inférieur, on éloigne, par le double plan incliné qui le termine, les deux clavettes l'une de l'autre et on dégage les coussinets que l'on peut, dès lors, extraire de la filière.

L'exécution des coussinets se fait en les montant dans la filière et en plaçant, quand ils sont en deux parties, une cale en fer mince pour les séparer ; on perce le trou de filetage à un diamètre un peu plus grand que celui qu'il s'agit d'obtenir (*Machines-Outils*), et ensuite les trous de dégagement de la limaille ; puis on taraude avec le taraud étalon et on leur donne le tranchant avec la lime ; pour les terminer, on les soumet à l'action du taraud-mère dont on prend le diamètre égal à $d + h$, de façon à répartir le travail ultérieur des coussinets sur tous les angles coupants, lorsqu'on serre les coussinets l'un vers l'autre.

Le *taraudage* des écrous ou des trous filetés s'exécute à la main avec des outils analogues à ceux décrits dans le chapitre *Machines-Outils ;* on monte la tête de ces tarauds sur un *tourne-à-gauche* (fig. 484 à 487), auquel on donne des secousses alternatives ; il agit en coupant et en refoulant le métal ; par conséquent, l'ouverture du trou doit être d'un diamètre un peu plus grand que celui où il sera taraudé. On verse de l'huile pour faciliter le travail.

Les trous borgnes se taraudent avec des outils plus courts et en séries de tarauds presque cylindriques afin d'obtenir correctement des filets jusqu'au plus près du fond.

Souvent, avant le passage du taraud, il est nécessaire d'agrandir et rectifier un trou venu brut de forge ou de fonderie ou encore de lui donner un diamètre exactement correspondant à celui du taraud ; on fait alors usage des *alésoirs* ou *équarrissoirs* (fig. 483) ; on commence par un alésoir à section carrée et, selon les circonstances, on arrive au diamètre voulu avec l'alésoir à rainures ou à faces planes.

Que l'on doive aléser ou tarauder, la tête généralement carrée de ces outils est engagée dans des évidements correspondants d'un tourne-à-gauche ; celui-ci peut être plat (fig. 486) ou à manchon (fig. 484), dit tourne-à-gauche Poulot qui est surélevé par rapport à l'écrou ou la pièce à tarauder. Quelquefois les tourne-à-gauche présentent la forme générale d'une filière (fig. 485) dont les coussinets seraient remplacés par des pièces taillées d'équerre pour serrer les angles et les faces de tarauds de diamètres différents. Il est encore possible d'adopter comme tourne-à-gauche la filière Billings, ci-dessus décrite, où, à la place des coussinets ordinaires de filetage, on monte les coussinets à chevrons de la figure 487.

CHAPITRE IV

CHAUDRONNERIE DE FER

Les opérations de la grosse chaudronnerie de fer peuvent se diviser ainsi :

Dressage des tôles et des fers ;
Découpage;
Tracé ;
Courbage et *Emboutissage ;*
Perçage ;
Rabotage et *Meulage;*
Montage ;
Rivure.

Dressage (1). — Le travail de dressage des tôles et des fers profilés s'exécute avec des marteaux de formes spéciales qui varient selon les circonstances particulières auxquelles on a à satisfaire. Les uns sont à une seule tête, tels que le marteau à planer (fig. 489 et 490), à tête carrée ou ovale, à emboutir (fig. 491), à restreindre (fig. 492); tandis que d'autres (fig. 493, 494 et 495) sont à deux têtes

(1) La Planche IV contient les figures 489 à 509.

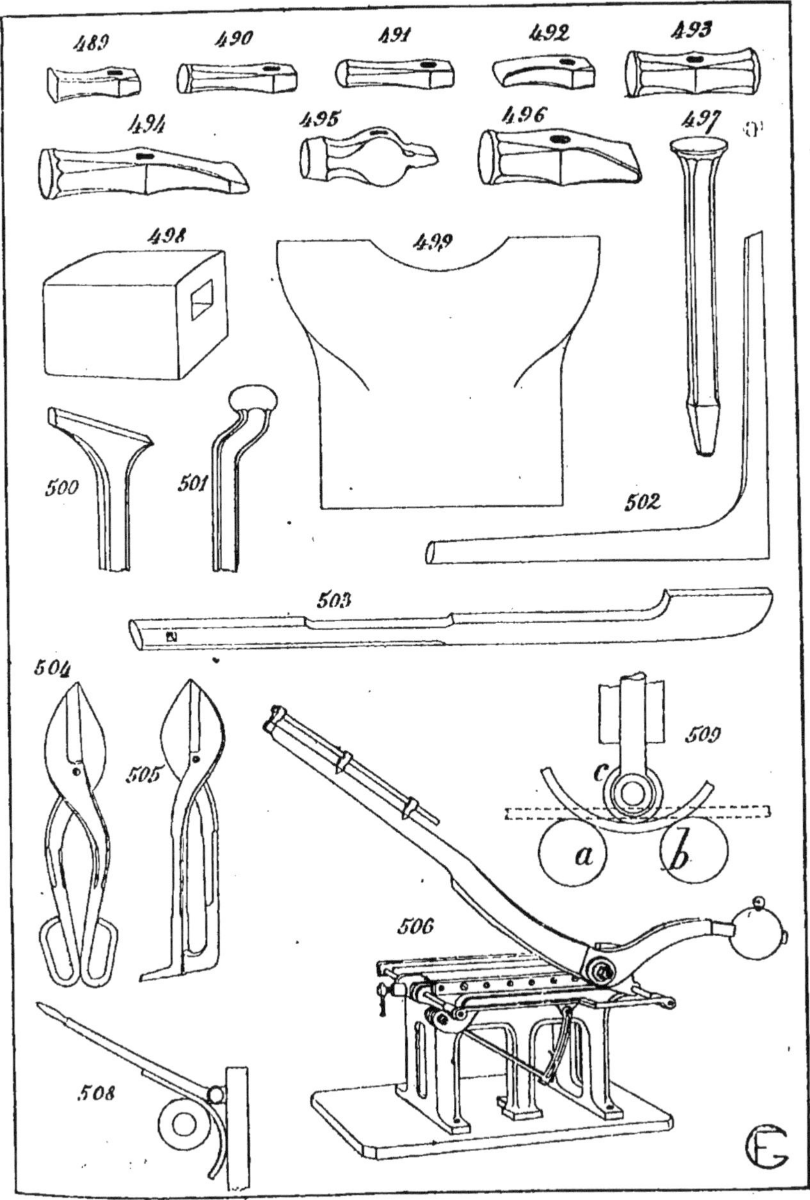

Planche IV. (Fig. 489 à 509.)

presque toujours dissemblables. On se sert aussi de masses (fig. 496), dont le poids est de 3 à 6 kilogrammes.

On place les pièces, soit sur une sorte d'enclume en fonte évidée par le milieu (fig. 497), soit sur des *tas* à planer et à dresser (fig. 498 à 503), dont les surfaces sont aciérées quand ils sont fabriqués avec corps en fer.

Si les tôles ou les cornières ont une grande longueur, on fait usage de chevalets à rouleau pour les soutenir en avant et en arrière de l'enclume ou du tas, que l'on place alors sur un billot en bois debout.

Tranchage et Cisaillage. — Des expériences récentes de M. Codron (expériences sur le travail des machines-outils), on peut retenir les données ci-après, tout en laissant de côté ce que ces essais ont de théorique quant à l'estimation de l'énergie dépensée, des frottements et des autres résistances.

L'angle d'acuité, c'est-à-dire celui que font les deux faces d'une tranche ordinaire, pénétrant dans un métal malléable ou ductile, doit être tenu aussi petit que possible ; c'est la qualité de l'acier et la nature du métal qui lui imposent une certaine valeur ; de 20 degrés environ dans le cas d'un métal mou ou porté à haute température, on le fait de 70 ou 75 degrés, lorsqu'il s'agit du fer et de l'acier à l'état ordinaire.

Les biseaux d'une tranche, surtout pour ces derniers métaux, sont limités à des plans ayant un angle plus aigu entre eux; de cette façon, l'effort de pénétration est moindre, car le refoulement sur les faces latérales est très réduit ; en outre il y a moins de déformation de la pièce que l'on veut tronçonner et l'outil se répare, enfin, plus facilement.

Lorsque l'on sectionne une barre de fer, il se produit plusieurs effets : la pénétration de l'outil est d'abord régulière jusque vers la moitié de l'épaisseur, en même temps qu'une flexion a lieu, sur la surface inférieure d'appui, dans le sens de la longueur de la barre ; puis, plus tard, commence une sorte d'arrachement des fibres, prolongeant la coupe irrégulièrement et amenant un déchirement brusque, du reste de la section.

L'angle d'acuité de 30 degrés n'est pas pratique pour la coupe du fer à froid, l'outil refoule ou s'égrène ; tandis qu'il est courant pour le fer porté à une température variant du rouge clair au rouge orange.

Pour résister au choc et selon la qualité de l'acier qui la compose, la tranche doit avoir un angle de 60 à 75 degrés, lorsqu'on doit sectionner le fer à la température ordinaire. Quand la cassure a eu lieu, la déformation accuse une séparation par glissement et refoulement.

Avec l'acier fondu, la rupture se produit brutalement et il faut parfois prendre des précautions pour ne pas être atteint par les morceaux qui peuvent être projetés avec une grande force ; c'est là la raison qui fait couper les barres d'acier, en pratiquant au préalable une entaille sur tout le périmètre extérieur; de plus, l'inclinaison du plan de rupture serait très prononcée et irrégulière.

Ces inconvénients disparaissent en partie avec l'usage de deux tranches opposées, et cette observation nous amène à dire quelques mots des tranches circulaires ou molettes, où le tranchage se fait progressivement.

Elles sont actionnées à la main, pour les tubes, par exemple, ou mécaniquement pour les tôles, les barres, etc., à froid ou à chaud ; elles sont montées sur des arbres tournant en sens contraire et ayant la même vitesse et elles agissent par pénétration simple, en un mouvement continu ou alternatif. Leurs biseaux sont, sur chacune, symétriques ou dissymétriques par rapport au plan moyen et les frottements résultant de la pression sur les outils suffisent à produire l'avance automatique.

Si les biseaux sont dissymétriques, il en résulte une poussée latérale dans le sens des arbres des molettes; si l'épaisseur le permet, on coupe en un seul passage et les molettes sont alors presque au contact; sinon il faut donner deux ou plusieurs passes et la séparation a lieu avant l'arrivée dans le plan des axes de rotation, par une sorte d'écartement ou de déchirement ; si la pièce obéit librement aux efforts des molettes, il n'y a pas d'action latérale, car celles-ci sont partiellement emboîtées dans le métal que l'on tronçonne.

Le cisaillage, qui s'opère avec deux lames généralement rectilignes, opposées et situées de chaque côté du plan de séparation, est une sorte de tranchage où il se produit une pénétration de chaque outil dans les surfaces de la pièce et une forte pression sur les faces inclinées des lames ; à un certain moment, il y a un arrachement se combinant avec une flexion ou un glissement nettement indiqués sur la section de rupture.

Il se fait ou bien d'un seul coup, par des lames parallèles, ou bien progressivement, avec des tranchants obliques ; le premier cas convient surtout aux barres de petite largeur et de forte épaisseur relative et l'angle d'acuité varie alors de 80 à 90 degrés ; il est bon de caler la pièce pour s'opposer à une flexion prononcée de son extrémité. En raison de ce que la cisailleuse travaille de façon intermittente, on la munit d'un volant qui emmagasine l'énergie suffisante pour couper la pièce présentée.

Pour couper les cornières, il faut autant que possible que les lames s'ajustent exactement entre les ailes ; sinon une aile céderait avant l'autre.

L'acier à outils a une rupture très brusque et, par suite, dangereuse; cependant on constate qu'il exige moins d'énergie de cisaillage qu'un fer quelque peu ductile.

Lorsque les lames des cisailleuses sont obliques, l'épaisseur est relativement petite par rapport aux autres dimensions ; le travail est progressif et se fait par à-coups ; l'angle d'acuité de chaque lame est facteur de la nature du métal et varie de 50 à 90 degrés, tandis que l'angle d'inclinaison adopté pratiquement pour les tranchants est de 6 à 10 degrés ; on donne quelquefois, à la lame mobile, une double inclinaison pour attaquer d'abord la pièce à droite et à gauche de la largeur ; cela a surtout lieu pour les tôles minces, et cette disposition réduit évidemment la course de moitié.

Dans les cisailles circulaires, les disques sont légèrement tronconiques ; les lames se croisent d'une certaine quantité et leur rotation en sens inverse entraîne la tôle qui est sectionnée dans le plan commun aux deux disques.

Pour qu'il ne se produise pas de poussée de la pièce, et dans le cas du fer, l'angle de prise doit être compris entre 28 et 34 degrés ; il faut entendre par cet angle, celui que font les tangentes aux cercles en leur point d'attaque moyen du métal ; les lames se croisant de 4 millimètres, la pratique a fait adopter,

$$D = 30\ a$$

D = diamètre des lames,
a = épaisseur de la tôle ;

il va sans dire que les parties de la pièce se dirigent respectivement l'une au bas et l'autre au-dessus des lames.

Découpage. — Le découpage se fait avec des *cisailles* qui sont, ou à main (fig. 504) pour les feuilles de peu d'épaisseur, ou mécaniques, celles-ci se divisant en cisailles à lames droites ou à lames circulaires.

Les cisailles à main se fixent quelquefois aussi entre les mâchoires d'un étau (fig. 505) ; on emploie enfin les cisailles avec lame de rapport (fig. 506), où la principale condition à remplir consiste à arriver aussi près que possible du centre d'articulation.

Les cisailles mécaniques peuvent être mises en mouvement de différentes manières : à bras, par transmission ou par un cylindre à vapeur ou à air comprimé; la commande directe de la lame peut avoir lieu par un levier ou par un excentrique et cette lame elle-même se place tantôt dans le sens du levier, tantôt dans le sens perpendiculaire.

Le bâti laisse un évidement plus ou moins large, selon la dimension latérale de la tôle qu'il s'agit de découper, et les lames, dont le tranchant a une légère inclinaison l'un par rapport à l'autre, sont fixées dans le sens convenable, c'est-à-dire en long.

Nous avons dit (*Machines-Outils*) que le façonnage des lames de cisailles devait avoir lieu très rapidement à la forge, car un chauffage trop souvent répété, joint à l'action de l'air, finirait par altérer la nature et la qualité de l'acier, par conséquent; l'aiguisage se fait avant la trempe, ce qui est un contrôle que celle-ci pénétrera bien à la profondeur suffisante et que l'outil sera moins susceptible de s'égrener.

Les lames épaisses et courtes se trempent en chauffant au préalable le tranchant, bien uniformément au rouge sombre, dans un feu de forge ouvert et assez vif; la température doit décliner graduellement vers le dos. Si l'on connaît assez la nature de l'acier, on trempe simplement dans un baquet d'eau froide et sans faire revenir; mais il est préférable, la plupart du temps, de chauffer un peu plus, au rouge cerise; on plonge le tranchant parallèlement à la surface de l'eau et on le retire doucement à temps pour le faire revenir.

Perçage. — Les trous à pratiquer dans des épaisseurs faibles s'obtiennent au marteau qui frappe sur un poinçon, comme, par exemple, dans la fumisterie ; au delà il faut une machine proportionnée au diamètre et à la hauteur du trou ; pour de plus grandes dimensions ou pour opérer avec plus d'exactitude, on se sert de la machine à percer.

Pour des tôles jusqu'à 4 millimètres on peut se servir d'un appareil à bras, facilement transportable où l'avancement a lieu par crémaillères. Comme la feuille pourrait glisser sur la matrice, le poinçon porte un petit cône qui entre préalablement dans le coup de pointeau ; on fait aussi des stries convergeant vers le centre. Au-dessous du poinçon est la matrice, par laquelle s'échappe la *débouchure ;* il faut qu'elle soit parfaitement centrée par rapport au poinçon et, surtout dans les appareils mobiles où la précision n'est pas ordinairement excessive, on laisse un peu de jeu à cause du petit arc de cercle décrit par le poinçon.

Le poinçonnage exige un effort d'environ 40 kilogrammes par millimètre carré de section de la tôle à perforer.

Poinçonnage et Défonçage. — La forme du poinçon n'est pas toujours uniformément cylindrique ; il peut découper, dans des tôles relativement minces par rapport aux autres dimensions de la pièce, des trous carrés, rectangulaires, polygonaux ou de section quelconque, en un mot ; en outre ces trous ne sont pas toujours non plus situés en plein métal, ce qui constitue le *découpage* partiel lorsqu'ils sont pratiqués sur les bords.

Dans certains cas, enfin, il s'agit d'obtenir, par cette opération, des disques de diamètre plus ou moins considérable et on lui donne alors le nom de *défonçage ;* c'est ainsi que l'on procède dans la fabrication des rondelles, des obus, des tubes et autres. Le défonçage est, par conséquent, analogue au cisaillage et se fait soit progressivement, soit d'un seul coup.

Entre le poinçon, tige d'acier trempé dur pour qu'il soit capable de percer plus longtemps sans réparations, et la matrice également en acier, il faut réserver un jeu suffisant pour que non seulement ces deux parties ne puissent se rencontrer et s'ébrécher par suite d'un guidage défectueux, mais encore pour que la bavure puisse passer et ne bloque pas la poinçonneuse.

Si ce jeu était, par contre, trop grand, il y aurait emboutissage de la pièce à ouvrir, particulièrement pour des tôles minces et le trou viendrait sous une forme irrégulièrement conique et beaucoup trop prononcée : on a remarqué que le jeu devait être fonction de l'épaisseur à poinçonner et, en pratique, on adopte pour le poinçonnage ordinaire la formule suivante pour le diamètre de la matrice par rapport à celui du poinçon :

$$d + 0{,}2\,a > \mathrm{D} > d + 0{,}1\,a$$

d = diamètre du poinçon.
D = — de la matrice.
a = épaisseur de la tôle.

On ne doit pas compter sur l'alésage ultérieur des pièces pour rectifier les trous mal débouchés, car le poinçonnage produit parfois des criques et des déchirures auxquelles ne saurait remédier cet alésage.

Le poinçon n'est pas exactement cylindrique, afin que l'entrée étant plus forte que le corps même de l'outil, le frottement soit diminué dans le trou ; on fait l'angle de dépouille de 1 à 2 degrés et la matrice a la même dépouille, de façon à bien laisser dégager la débouchure.

La face inférieure du poinçon n'est pas ordinairement plane, elle fait un angle de 80 à 85 degrés avec la surface tronconique du pourtour, constituant ainsi une arête plus tranchante; la matrice présente de même un angle de coupe de 85 à 90 degrés, selon la nature du métal poinçonné; il faut veiller à ce que ce tracé de la matrice ne produise pas une empreinte de pénétration préalable.

Pour que le poinçonnage s'opère bien proprement, il faut exiger que le poinçon et la matrice conservent nettement leurs arêtes ou leurs formes et soient suffisamment lubrifiés, surtout lorsqu'il s'agit de pièces épaisses ; la nature du métal, fer ordinaire, acier doux ou demi-dur doit également entrer en ligne de compte; sa ductilité peut en effet être une cause de non-réussite de l'opération pendant laquelle se produisent diverses actions d'arrachement, de compression ou même d'emboutissage susceptibles d'intéresser une certaine surface tout autour du trou.

C'est cette crainte des détériorations latérales et d'une sorte d'écrouissage à proximité des trous débouchés qui a conduit à percer l'acier à la mèche afin de ne pas compromettre la résistance selon les lignes de clouure.

On a essayé d'employer des poinçons à plusieurs tranchants, superposés ou multiples, dans le but de pratiquer des trous parfaitement cylindriques; mais la pratique ne s'en est pas généralisée car le dégagement des copeaux ne se faisait nullement selon les prévisions des inventeurs et le métal se coinçait plus ou moins dans les aspérités théoriques de l'outil. De plus, ils sont trop compliqués et, par suite, d'entretien peu commode; ils s'émoussent facilement et refoulent alors le métal dans la masse; ils nécessitent enfin un guidage à peu près parfait en raison de ce que le jeu est variable du commencement à la fin du poinçonnage.

Le poinçonnage progressif, exécuté avec des outils n'attaquant la pièce que successivement selon une sorte de surface hélicoïdale, ne donne pas non plus grande satisfaction, bien que la pointe centrale y prenne plus d'importance que dans le travail avec poinçon droit; les trous viennent moins lisses, l'outil est difficile à confectionner et à entretenir et, en résumé, les arêtes se déforment promptement. Néanmoins cette méthode de tracé de l'outil a moins d'inconvénients pour le défonçage des grandes rondelles.

Pour obtenir des distances rigoureusement égales de centre à centre, on emploie dans quelques ateliers des crémaillères fixées sur des tables supportant la plaque de tôle; la crémaillère engrène avec un pignon relié à un disque circulaire divisé en un grand nombre de parties et on fait arriver, selon les cas, plus ou moins de ces divisions en regard d'une aiguille fixe; mais cette disposition exige une très grande attention de la part de l'ouvrier chargé du travail et il vaut mieux utiliser le chariot diviseur automatique.

Il se meut devant la poinçonneuse au moyen de deux roues cheminant sur des rails; la tôle est fixée à la partie supérieure de deux fers à I et consolidée par des barres de fer transversales; vers le milieu du chariot existe une crémaillère longitudinale pouvant être mise en rapport avec un déclic manœuvré par un arbre perpendiculaire aux rails. Cet arbre lui-même a un mouvement d'oscillation de va-et-vient sous l'action de bielles et de leviers participant du mouvement de la poinçonneuse et dont on peut faire varier les amplitudes pour qu'un nombre de dents plus ou moins grand passent devant le déclic; on pourrait aussi avoir des crémaillères de rechange.

Pour être sûr de l'exactitude des divisions, on fait d'abord manœuvrer l'appareil à blanc et à la main, en poussant d'un bout à l'autre de la tôle ou de la cornière et on s'assure que le poinçon coïncide parfaitement soit avec la longueur totale, soit avec les trous déjà tracés ou percés. Sinon on corrigerait ces premières indications par la différence des amplitudes des leviers ou par le changement de la crémaillère.

Cintrage et Emboutissage. — Ces deux opérations se font à chaud et la plupart du temps le cintrage a lieu sur des appareils manœuvrés soit à la main, soit mécaniquement. Pour cintrer, on choisit le même sens que le laminage; il faut que les génératrices du cylindre à obtenir soient perpendiculaires à la direction suivie par la tôle entre les rouleaux du laminoir; on a observé, en effet, que le métal est moins résistant en travers de cette direction; si l'on était obligé cependant de cintrer dans le mauvais sens, il serait nécessaire d'ouvrer des tôles spécialement fabriquées.

La qualité des tôles se distingue par des numéros, de 2 à 6 par ordre de résistance; le n° 2 est la tôle inférieure réservée plus spécialement pour la construction métallique et les grands réservoirs; la tôle n° 3 est affectée à la fabrication des parties cintrées des réservoirs; le n° 4 s'emploie pour les parties embouties au feu, telles que les fonds des chaudières et les collets battus ne supportant pas un travail trop difficile lors du refoulement; pour emboutir en pleine surface, pour les parties tourmentées et les collets à petit rayon, il est indispensable de faire choix des meilleures tôles de n°s 5 et 6.

D'ailleurs la bonne qualité de la matière procure une économie sensible de main-d'œuvre et expose moins aux déchets coûteux, tout en procurant une plus grande sécurité. La métallurgie livre des tôles fabriquées en vue du travail du chaudronnier et avec lesquelles on obtient couramment les viroles et les calottes sphériques; elles portent la désignation de fer demi-fort ou fer fort.

L'acier doux, très homogène dans les deux sens, remplace de plus en plus le fer dans toutes ses applications; sa résistance et son élasticité ont permis de doubler peu à peu le *timbre* des chaudières qui était resté longtemps confiné dans les limites de 6 à 8 kilogrammes en service normal, tandis qu'il atteint aujourd'hui 20 kilogrammes dans certains générateurs tubulaires. Il demande cependant à être travaillé avec beaucoup plus de soins pour empêcher l'écrouissage sous l'action de la chauffe et du martelage ; on devra le recuire fréquemment, au rouge sombre, surtout dans les parties poinçonnées, où le contour des trous devient aigre, ce qui conduit souvent à réaléser ces trous de 1 à 2 millimètres ; on devra, en résumé, considérer l'acier doux comme un métal plus fragile et plus capricieux que le fer ordinaire.

Quelle que soit la nature de la tôle, on ne perce avant cintrage ou emboutissage que le nombre de trous strictement indispensables soit pour le montage, soit à cause de la difficulté de les percer ultérieurement.

Le cintrage, quand il a lieu à la main, se fait ou au marteau, en plaçant la feuille sur deux cylindres parallèles à petite distance l'un de l'autre, ou au levier, en appliquant à chaud la tôle entre une surface droite et un rouleau pouvant tourner dans ses paliers (fig. 508) ; mais la forme n'est jamais parfaite ; on est obligé de se servir de calibres pour vérifier le diamètre et cet appareil n'est à signaler qu'en raison de sa simplicité d'exécution.

On remarquera qu'avec ces procédés, il est possible de confectionner des surfaces coniques en écartant les rouleaux l'un de l'autre ou le rouleau unique du plan qui lui correspond. On régularise ensuite à la main.

Le principe de la machine à cintrer consiste à disposer deux cylindres fixes et à une distance invariable, en regard d'un troisième qui doit monter et descendre ; de l'écartement de ce dernier du plan des deux autres axes résulte le rayon de courbure qu'affecte la feuille de tôle ; et *a b* tournent dans le même sens, soit par poulies, soit par engrenages et, à chaque aller et retour, on fait descendre *c* d'une petite quantité; avec un calibre on vérifie fréquemment la formation du diamètre obtenu; *c* se termine par deux tourillons soutenus par des vis verticales (fig. 509); l'écrou de cette vis est actionné par une roue hélicoïdale engrenant avec la même vis sans fin.

Quelques constructeurs préfèrent exécuter le cintrage à froid, prétendant éprouver ainsi la qualité de la tôle; mais nous pensons qu'il vaut mieux cintrer à chaud, en disposant à proximité de la machine des appareils de levage permettant non seulement le service des tôles, mais aussi le changement des rouleaux que l'on est d'ailleurs obligé de soulever pour passer la feuille à cintrer.

Les cylindres *a* et *b* sont en fonte dure et creux, tandis que *c* se fait en fer plein, afin qu'il puisse passer dans des cylindres du plus petit diamètre possible; les dimensions ordinairement usitées sont celles-ci :

LARGEUR DE LA TABLE	DIAMÈTRE DU CYLINDRE SUPÉRIEUR	DIAMÈTRES DES ROULEAUX
2.00	0 15	0 25
2.50	0 20	0.30
3.00	0 21	0 32
4 00	0 30	0.43

Pour obtenir une surface conique, on place le tourillon de *b* dans une rainure inclinée d'environ 25 degrés par rapport à la verticale; au moyen d'une vis on écarte *b* des deux autres et, en opérant comme précédemment, on a un déplacement de la tôle plus grand d'un côté que de l'autre. On peut aussi, dans ce but, soulever une des extrémités de *c* et ses tourillons doivent, alors, être sphériques.

Par l'emboutissage, on donne une forme extérieure à la tôle ; c'est, en principe, un disque que l'on vient appliquer contre une matrice en fonte dure et qu'un mandrin vient presser intérieurement. Nous allons dire quelques mots de ce travail à la main tout en ajoutant qu'aujourd'hui il existe des usines outillées spécialement qui livrent des calottes sphériques avec collet tombé, à la manière des procédés de la *casserie*.

Les feuilles de tôle se chauffent sur une forge large et basse à plusieurs tuyères du genre de celles décrites au volume *Forge et Fonderie;* le feu doit être très régulièrement conduit et la forge est desservie par un pont roulant ou par une grue. Quand la chaude est suffisante, on porte la pièce sur la matrice ou *salière* et on la frappe très vivement, avec une équipe de frappeurs de relai, au besoin, pour terminer le travail d'une seule fois.

L'angle d'un collet, ou *carre*, doit être prévu au traçage sur une largeur de 6 à 7 centimètres selon qu'il est forgé par allongement ou par compression ; autant qu'on le peut, il vaut mieux remplacer le collet par une cornière cintrée et soudée dont on trouvera plus loin le mode de façonnage.

Pour les fonds emboutis, on porte la pièce au rouge vif et on la bat avec de longs maillets en bois ; elle doit être complètement dégrossie sans retourner au feu, de manière à ce que l'on n'ait que très peu à corriger ultérieurement ; sinon des gerces seraient presque inévitables à cause des dilatations se contrariant en tous sens qui se produiraient à une autre chaude.

Une chaudière cylindrique est ordinairement composée de viroles également cylindriques à *clins*, c'est-à-dire que l'une d'elles est d'un diamètre uniforme plus grand de deux épaisseurs de tôle ; ce système est préférable à l'emboîtement dans le même sens où l'on fait moins bien coïncider les rangs des trous de rivets.

Les lignes de rivets sont choisies pour alterner de sens le plus possible ; car les lignes droites constituent évidemment des lignes de rupture, surtout pour la rivure en long, selon une génératrice, où la pression intérieure exerce un effort double de celui qui a lieu parallèlement aux génératrices ; les lignes circulaires peuvent donc, sans inconvénient, être à un seul rang.

Il faut, en tous cas, prendre la précaution de ne pas exposer les trous des rivures au feu direct.

La rencontre de deux cylindres, de diamètres différents, dans la plupart des cas, doit être prévue vers le milieu de

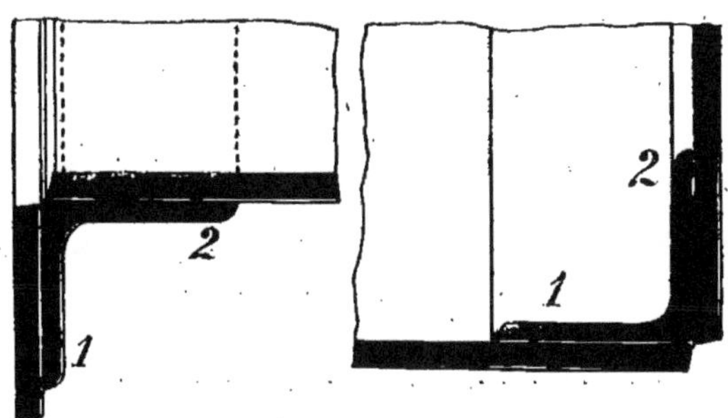

Fig. 510. Fig. 511.

la largeur d'une virole et assez loin des rivures; sinon cela entraînerait à augmenter péniblement l'épaisseur. La réunion de ces deux corps cylindriques a lieu au moyen de collerettes forgées et recouvrant de 0,15 environ le plus gros cylindre ; après les avoir tracées selon la courbe d'intersection, on les découpe à la poinçonneuse avec un poinçon de section carrée et à angles arrondis ; il n'y a pas de déchet de tôle quand ces collerettes sont faites en deux pièces, car il y a symétrie de chaque côté du plan des axes.

Quand on liaisonne des corps cylindriques ou des fonds par des cornières cintrées, on commence par donner à la cornière une légère courbure préalable selon son mode de fixation ; c'est ainsi que (fig. 510), pour une cornière extérieure, on la courbera d'abord, dans le plan perpendiculaire à l'aile *2*, de façon à ce que l'aile *1* soit concave ; tandis que pour la cornière intérieure (fig. 511), c'est l'aile *1* qui sera convexe et l'aile plane *2* un peu concave.

On chauffe ensuite la cornière et on la courbe au diamètre voulu sur des matrices en fonte en forgeant, au fur et à mesure, l'aile qui s'allonge comme dans la figure 510 ou celle qui se rétrécit, telle que figure 511.

Pour souder les extrémités, de grandes précautions doivent être prises en vue d'éviter que le travail de forge ne change le diamètre que l'on désire ; le recouvrement sera donc choisi en conséquence et, au blanc soudant, on encollera l'angle en premier lieu, pour finir par l'aile cylindrique ; cependant, dans beaucoup d'ateliers, on emploie un outillage permettant de faire, avec deux forgerons, les soudures simultanées des deux ailes.

Soudure des tôles et des tuyaux. — Depuis quelques années, on a combiné des appareils permettant de remplacer, par une soudure continue, l'assemblage ordinaire au moyen de rivures de deux ou plusieurs tôles entre elles quelle que soit d'ailleurs leur épaisseur ; divers échantillons assez importants de soudures autogènes ont été fabriqués et ont figuré aux récentes expositions ; le procédé est, par conséquent, trop à l'ordre du jour pour que l'on n'en expose pas les avantages.

La réunion des tôles par des rivets est coûteuse ; c'est en outre un mode d'assemblage fort imparfait puisqu'il y a manque de continuité des points de contact entre les tôles et que des fuites sont, par suite, toujours à redouter.

Parmi les différents systèmes essayés, celui de M. Boucharger que l'on peut choisir comme exemple est du genre des soudures électriques que l'on effectue sur une presse disposée pour porter aisément et rapidement les pièces à souder à la température convenable, de sorte qu'il suffit ensuite d'appliquer, à l'endroit désiré, la pression nécessaire pour réussir la soudure.

En principe, ces presses électriques comportent une partie inférieure fixe et une partie supérieure mobile entre les mâchoires desquelles on amène les deux tôles à assembler en leur donnant un recouvrement convenable ; des transformateurs électriques sont adjoints haut et bas pour recevoir le courant d'un réseau de distribution et le répartir sous une autre forme à des circuits dérivés aboutissant respectivement aux deux mâchoires.

Pour le lecteur quelque peu familiarisé avec les termes spéciaux à l'électricité, il est bon de développer le paragraphe ci-dessus : chaque transformateur est, par exemple, bobiné pour recevoir dans son circuit un courant alternatif d'une centaine de volts qu'il débite à des circuits secondaires sous un voltage très réduit, ne dépassant pas quelques dixièmes de volt, mais ayant une grande intensité. Les mâchoires sont elles-mêmes dentelées pour offrir à ce courant secondaire une résistance de contact relativement élevée.

On emploie un métal très bon conducteur, cuivre ou bronze, pour le reste du circuit secondaire de chaque transformateur.

En résumé, l'ensemble des dispositions des transformateurs produit dans les tôles, entre les points de contact avec les mâchoires, un fort dégagement de chaleur ; dès que la température des deux pièces à souder atteint le degré voulu, on imprime à la pièce voulue une forte pression qui produit la soudure des tôles et il n'y a plus qu'à amener entre les mâchoires une nouvelle portion des métaux à assembler.

On peut transmettre la pression soit directement au moyen des mâchoires soit par l'intermédiaire de blocs spéciaux de serrage entrant en action aussitôt après que la tôle a atteint la température convenant à la soudure.

Dans ces conditions, la presse électrique est intermittente, mais on peut aussi combiner l'appareil pour un fonctionnement continu en installant, de part et d'autre des feuilles à assembler, un cercle dont le pourtour possède une série de mâchoires semblables à celles dont il est question précédemment ; c'est ainsi que l'on peut opérer la jonction des bords des tubes ou des tuyaux quelconques.

Dans cet ordre d'idées, l'application bien comprise de l'électricité permet de rendre automatique le fonctionnement de ces presses ; car si l'on se sert d'un électro-moteur, il suffit d'intercaler des relais et des piles thermo-électriques utilisant les variations de la résistance électrique produite dans la tôle par l'élévation de température.

Rabotage et meulage. — Une fois les feuilles de tôle percées, il faut donner à toutes les pièces, qu'elles soient planes, cylindriques ou forgées, les dimensions définitives du projet ; cela peut s'exécuter soit à la cisaille, soit par le rabotage, soit par le meulage ; les deux premiers genres d'outils ayant été décrits tant dans ce chapitre que dans *Machines-Outils*, il ne nous reste qu'à parler des meules.

CHAPITRE V

MEULES (1)

Elles sont de deux espèces : les meules à affuter, les seules que longtemps on a employées dans les ateliers, servant à *aiguiser* les outils d'acier et dont la vitesse à la circonférence est d'environ 5 mètres par seconde ; et les meules à *dresser* dont l'usage s'est développé énormément, s'appliquant tant aux travaux où il ne faut que de l'énergie qu'à ceux qui exigent une très grande précision : la vitesse de celle-ci au pourtour atteint et dépasse 25 mètres par seconde.

Avec les meules, le métal est enlevé sous forme de particules très ténues ; on soumet la pièce à son attaque en exerçant une pression plus ou moins grande entre la pièce et l'outil.

Les matières, en grains plus ou moins fins, qui entrent dans la composition des meules sont les sables agglomérés ou *grès* et les silex ; mais c'est surtout l'*émeri*, le corps le plus dur après le diamant, que l'on agglutine par divers ciments que l'on emploie pour le travail des métaux.

(1) La Planche V contient les figures 512 à 520.

Les meules en grès, exploitées en carrières, dites de Marcilly, en grès blanc, de Saveine, en grès rouge, ou Provenchères, en grès gris, sont généralement peu homogènes et s'usent assez rapidement ; elles ont l'inconvénient, par conséquent, de s'égrener plus facilement et d'être sujettes à éclater à grande vitesse ; on les réserve aujourd'hui pour l'affutage à main et on les empêche de s'échauffer en mouillant constamment leur surface.

On obtient de meilleurs résultats avec les meules artificielles dont le mordant est constitué par le grès, le silex ou l'émeri et l'agglomérant par du caoutchouc, de la gomme laque et autres produits tels, par exemple, que la colle forte et le tanin ; un produit nouveau, encore plus satisfaisant dans tous les emplois, est la meule en émeri flammé ou *céramique* qui peut coopérer à tous les travaux d'ajustage : affutage des outils, dégrossissage des pièces et rectification des parties trempées ; c'est la finesse du grain qui varie selon les besoins.

Le principe de ce procédé consiste à fabriquer les meules par une cuisson à haute température au moyen de produits dont la dessication préalable soit absolue, afin d'éviter des gerces. Les agglomérants ordinaires sont le caoutchouc ou l'argile et la terre de préférence, qui ne produit pas d'odeur ; le tout est malaxé soit en pâte, soit presque à sec, puis moulé et durci à basse température ; on peut à ce moment dégrossir les meules au tour ou réserver cette opération pour ne l'exécuter qu'après la vitrification définitive, auquel cas on est dans l'obligation de se servir d'outils à diamant pour donner aux pièces le rond parfait.

Il est reconnu qu'une meule dure avec des gros grains résiste plus longtemps, pour un même travail, qu'une meule douce à grains fins, car on conçoit très bien que les gros grains, en s'arrondissant, deviennent moins mordants, tandis que dans la meule douce, ces grains sont arrachés

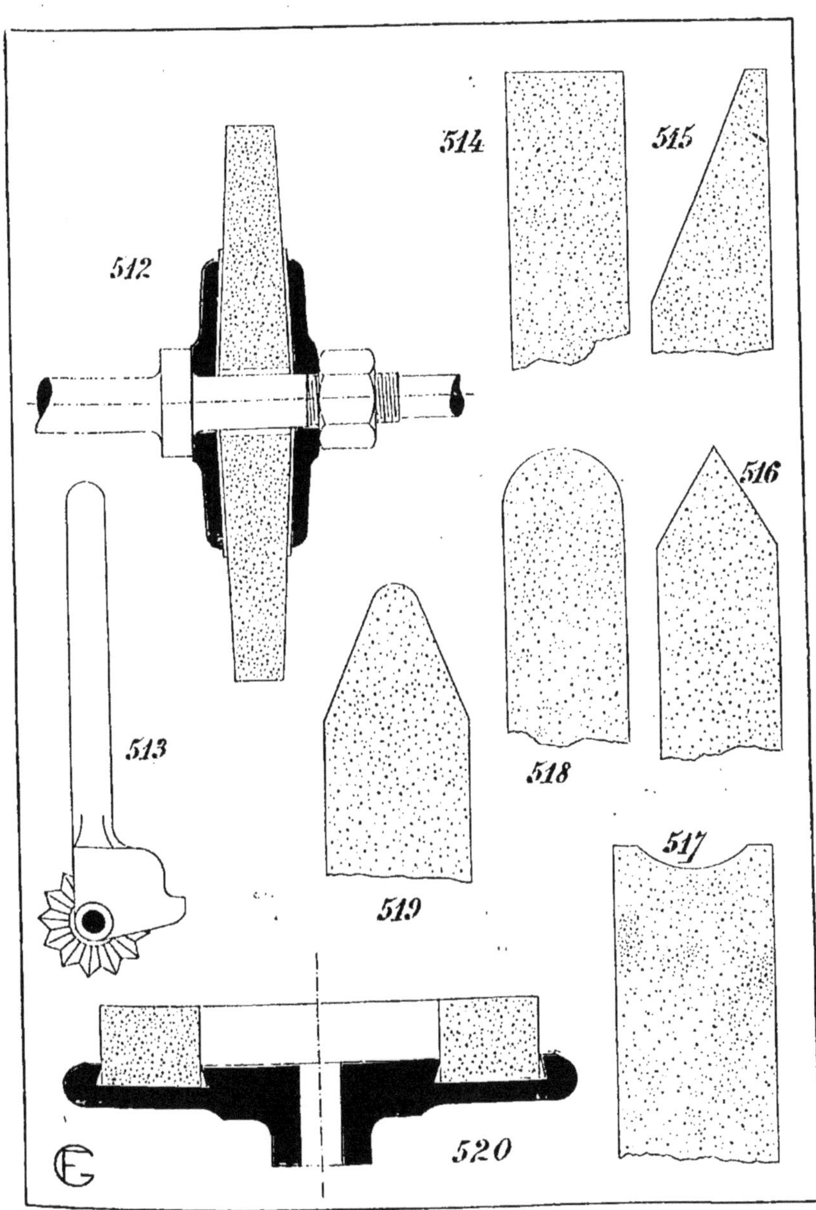

Planche V. (Fig. 512 à 520.)

mais ceux qui lui succèdent ont toutes leurs arêtes et, par conséquent, la meule douce produira plus de travail et ne devra pas être destinée au dégrossissage.

On peut admettre, en moyenne, que 1 kilogramme de meule agglomérée de bonne qualité enlève de 4 à 5 kilogrammes de fer ; la comparaison avec les outils tels que la lime et le burin a été faite par M. G. Richard et résumée dans le tableau suivant qui donne le poids du métal enlevé par chacun de ces outils en 30 minutes.

	CUIVRE	FONTE	FER	ACIER
	Kilogr.	Kilogr.	Kilogr.	Kilogr.
Burin	0 580	1.100	0.300	1.560
Lime	0.225	0.163	0.163	0.028
Meule d'émeri.	7.720	3.520	1.130	0.042

Un inconvénient des meules d'émeri, c'est l'encrassage plus ou moins rapide qu'elles subissent ; il importe de les rafraîchir et de les ragréer de temps à autre ; cela tient à ce que les poussières de métal bouchent les vides entre les aspérités des grains de la meule ; quant au meulage de l'acier trempé, il faut se bien rendre compte que, la meule n'attaquant que très peu la matière dans un temps déterminé, la surface de la meule se polit mais ne s'encrasse pas comme avec la fonte ; les aspérités des grains sont émoussées et la pénétration dans le métal est fort atténuée, malgré la pression de la pièce sur la meule ; l'énergie dépensée ne sert qu'à obtenir des poussières de métal et d'émeri de plus en plus fines.

On remédie alors à cet inconvénient en traitant alternativement des pièces d'acier très dur et des pièces de fer qui redonnent le mordant en usant la meule ; d'ailleurs, pour le dégrossissage, il vaut mieux développer de fortes pressions et marcher à très grande vitesse ; le rendement de la meule est meilleur.

Un autre point, sur lequel il faut porter l'attention, c'est que la pièce est parfois animée de vibrations assez prononcées ; dès lors l'attaque ne doit pas être brusque car les meules ne présentent pas toutes la même garantie et on ne saurait être trop prudent quand on songe aux nombreux accidents survenus par la rupture de ces outils.

Selon le travail auquel elles sont destinées, les meules sont disposées de diverses façons ; ordinairement le frottement s'exerce sur champ et alors l'axe est horizontal ; cependant on les monte aussi en bout d'un axe horizontal ou vertical pour opérer sur une de leurs faces.

De toutes façons, la meule doit être choisie en raison du travail spécial qu'on lui demande ; en outre, l'agglomérant ne doit pas s'altérer à la chaleur résultant du frottement et, par conséquent, répandre d'odeur gênante pour l'ouvrier ; il y a à considérer principalement l'armature des meules qui doit être des plus solides ; le mieux est de les serrer entre des plateaux coniques.

Pour le polissage, l'affutage des scies, la fabrication des peignes, l'ébarbage du cuivre, etc., etc., en général, pour les matières tendres, on emploie les meules en composition émeri. Pour polir et blanchir les métaux, pour les matières dures, on fait usage des meules en émeri pur. Pour l'ébarbage et les travaux de chaudronnerie, où les chocs sont à craindre, on se sert de meules d'émeri pur spéciales ; elles sont intermédiaires à celles agglomérées à la gomme laque, qui est un peu cassante, et celles agglomérées céramiquement ; elles présentent l'avantage sur celles-ci de s'obtenir sur toutes dimensions, alors que les meules poreuses dépassent difficilement 0 m. 50 de diamètre. Enfin, pour meuler les métaux très durs ou trempés, on emploie les meules poreuses, flammées, qui ont l'avantage de travailler à l'eau et qui paraissent devoir remplacer sous peu toutes les précédentes ; avec elles, la rectification des aciers trempés est certaine ; elles ne s'encrassent pas lorsqu'elles sont dures, par le fait des pores qui séparent les grains d'émeri, et elles débitent énormément.

Une meule d'émeri se monte entre deux plateaux dont le diamètre est proportionné à celui de la meule; le trou de l'arbre doit être légèrement plus grand que le diamètre de l'arbre, afin de ne jamais forcer ; s'il est trop petit, on l'agrandit avec une vieille lime ; si, au contraire, il est trop grand, on complète le vide avec une bague en carton, en cuir ou, de préférence, en métal sous forme de *buselure* : la meule doit, en résumé, se monter à frottement doux en place.

Avant la mise en place, il faut sonner la meule pour s'assurer qu'elle est parfaitement homogène ; elle doit rendre un son clair et uniforme et il faut rebuter impitoyablement celles qui ne rempliraient pas cette condition.

Les plateaux doivent avoir, en diamètre, au moins le tiers de celui de la meule qu'ils sont destinés à serrer ; on recommande la moitié ; ils doivent être légèrement concaves et jamais convexes ni même plans, pour que le serrage sur la meule se fasse sûrement au plus grand diamètre. Il est bon que le serrage de l'écrou sur le plateau mobile se fasse par surface sphérique, afin que ce dernier s'oriente suivant la meule.

Les disques sont munis de rondelles isolantes en feutre en papier ou en cuir, destinées à amortir le serrage du plateau sur la meule et qui sont légèrement plus grandes en diamètre que les disques.

On sonne de nouveau la meule après le montage.

Il est important que la meule tourne parfaitement rond ; la mise en rond se fait en les tournant au diamant pour les grains fins et les petites dimensions, ou avec un outil à molettes (fig. 513) pour les gros grains et les grandes meules ; il faut, surtout, éviter de repiquer la meule avec un marteau.

On présente la meule avec une tôle d'acier que l'on présente en porte-à-faux devant la meule, ou mieux et plus simplement avec l'appareil à molettes.

Pour employer les meules à l'eau, on dirige le jet d'eau sur l'endroit où la meule travaille ; il faut, en ce cas, réduire la vitesse de 30 p. 100 ; on arrête le jet quand le travail est terminé, car la meule ne doit pas séjourner dans l'eau ; il est d'ailleurs recommandé de conserver les meules dans un endroit sec, en attendant leur mise en œuvre.

Les profils les plus employés pour les meules varient avec leur destination (fig. 514 à 520).

Autant que possible, toutes les meules doivent être munies de protecteurs afin d'éviter les chances d'accident par suite d'éclatement ; avec des meules biconiques à plateaux concaves, il y a déjà moins de danger car les éclats sont retenus entre les plateaux ; mais cela ne suffit pas, bien que ce montage laisse à la disposition de l'ouvrier la périphérie complète de la meule, et il faut recourir à l'un des préservatifs ci-après, préconisés par l'*Association des Industriels* de France contre les accidents du travail.

Lorsqu'une meule est montée, il convient, avant de la mettre en service, de l'essayer en la faisant tourner à vide, pendant un certain temps et au moment de l'absence des ouvriers, à une vitesse supérieure à sa vitesse normale ; il ne faut pas non plus exagérer cette vitesse, car on risquerait de la sorte de fatiguer la meule, d'altérer sa cohésion et de provoquer une désagrégation qui pourrait devenir la cause d'accidents ultérieurs.

On mettra la meule en mouvement, lentement d'abord,

puis on augmentera progressivement sa vitesse jusqu'au chiffre indiqué par les fabricants en livrant la meule, et qui se trouve souvent inscrit sur une de ses faces ; on maintiendra cette marche pendant 20 à 30 minutes. On renouvelle cet essai après une demi-journée de travail, car l'expérience a montré que certaines meules qui s'étaient bien comportées au premier essai se fendillaient après quelques heures de travail.

On examinera encore fréquemment la meule, en la sonnant, et on répétera l'essai de vitesse ; dans toute autre occasion, la meule ne doit pas tourner à blanc, son débrayage doit être facile ; le support où l'on appuie la pièce à meuler doit être mobile et toujours réglé de façon à ce qu'il soit très près de la meule, à 1 millimètre ou 2 d'intervalle ; si on laissait un intervalle trop grand, la pièce pourrait s'y engager, formerait coin et la meule se briserait ; le travail est meilleur et le danger très atténué par l'emploi de supports automatiques.

Une explosion de meule est toujours possible, soit que certaines précautions aient été négligées, soit qu'il existe certains vices qui n'auraient pas été découverts ; il est donc nécessaire de se protéger contre les effets de l'explosion, au moyen d'enveloppes protectrices convenablement disposées. Ce sont, généralement, des boîtes en tôle fixées sur le bâti, fortement entretoisées et ne laissant à découvert que la partie de la meule nécessaire pour le travail (fig. 521 à 524).

Quelle que soit la disposition qu'on choisisse, il est nécessaire que ces protecteurs soient extrêmement robustes pour résister à la violence de la projection ; trop minces, ils se briseraient, constituant un danger supplémentaire. On doit leur donner, sur la face de travail qui enveloppe la circonférence de la meule, une épaisseur de 12 à 15 millimètres.

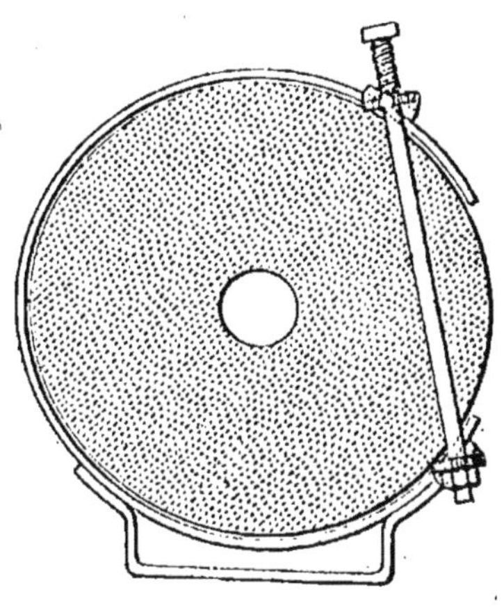

Fig. 521.

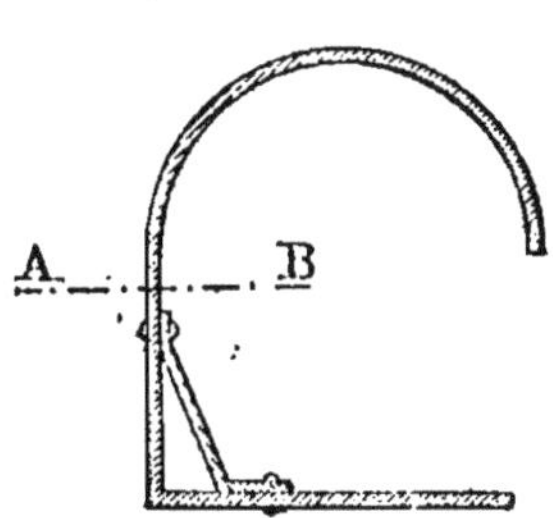

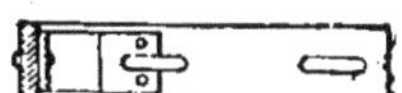

Fig. 523-524.

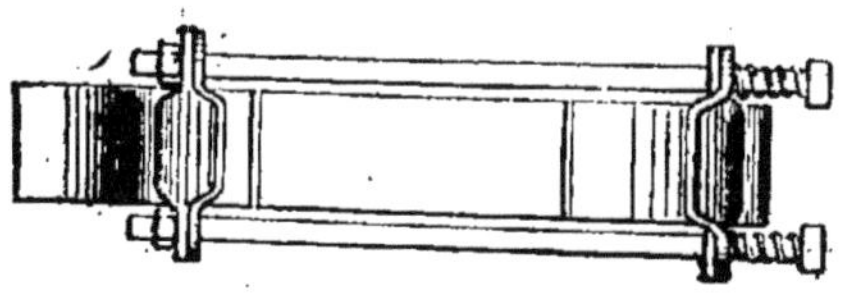

Fig. 522.

Toutes les fois qu'il sera possible de le faire, les meules seront installées dans un atelier isolé et disposées sur un seul rang, selon un seul axe, afin d'atténuer les conséquences d'une rupture.

Le travail à la meule expose les ouvriers qui y sont occupés à recevoir dans les yeux des éclats de métal, d'émeri ou de silex; ils peuvent donc le blesser gravement et il est indispensable que les meuleurs fassent usage, pour leur travail, de lunettes de protection ; il est bon d'accrocher ces lunettes à côté des meules et d'afficher près d'elles la prescription de s'en servir.

Le meulage des pièces d'acier, de fer ou de fonte produit non seulement des éclats qui sont projetés violemment et peuvent atteindre les yeux de l'ouvrier ; mais encore une série de poussières plus ou moins ténues, qui peuvent être absorbées et pénétrer dans les voies respiratoires et être la cause de graves affections.

Pour enlever ces poussières, ainsi que les odeurs souvent dégagées par l'agglomérant, il est utile d'établir une ventilation locale de la meule. L'enveloppe protectrice peut être branchée sur une conduite générale, aboutissant à un aspirateur; ce ventilateur aspirant absorbe les gaz et les poussières, et les rejette dans une cuve installée en dehors de l'atelier et contenant de l'eau ; elle est surmontée d'une cheminée d'échappement et les poussières d'émeri et de limaille se mélangent à l'eau de la cuve, dans leur mouvement en spirale.

L'Association des Industriels, susmentionnée, a ainsi résumé les instructions applicables aux meules :

1° Il est interdit aux ouvriers, qui n'ont pas été spécialement désignés à cet effet, de se servir des meules; défense est faite d'enlever, pendant le travail, les appareils de garantie, enveloppes ou autres, dont on a muni les meules;

2° Éviter les chocs dans le transport de la meule. Le montage doit être fait de la façon suivante : l'arbre doit entrer sans forcer dans le trou de la meule; placé sur ses coussinets, il doit être parfaitement horizontal; sonder ensuite la meule en la frappant doucement sur ses deux faces avec un marteau; elle doit donner un son franc et clair. Centrer exactement la meule en la mettant bien d'équerre, par rapport à l'arbre. Entre les plateaux de serrage et la meule intercaler un corps élastique (drap, cuir, caoutchouc ou coton) de 5 millimètres d'épaisseur;

3° L'ouvrier meuleur doit fréquemment sonder sa meule pour reconnaître si le son est net et clair; sinon elle devra être démontée et soigneusement examinée. L'existence d'une fissure, si petite qu'elle soit, devra faire mettre immédiatement la meule hors de service. Il s'assurera également qu'il n'y a pas de jeu dans les coussinets ;

4° Quand un faux rond est constaté, la meule doit être retaillée. Après chaque retaillage, la meule sera sondée comme il est dit ci-dessus ;

5° La mise en marche doit se faire progressivement et non brusquement ; les chocs violents contre la meule doivent être évités pendant le meulage. Quand on a fini de se servir d'une meule, il faut la débrayer et ne pas la laisser tourner à blanc.

Nota. — Nous croyons convenable, avant de décrire les principaux types de chaudières, considérées comme suite à ce chapitre sur la *Chaudronnerie*, d'exposer succinctement les procédés mis en œuvre dans la *Chaudronnerie de cuivre;* en l'intercalant ici même il n'y aura pas, de la sorte, d'interruption dans tout ce qui touche les moteurs à vapeur, qui ont nécessairement besoin d'un producteur de cette vapeur ou *générateur*.

CHAPITRE VI

CHAUDRONNERIE DE CUIVRE

Le cuivre est un métal qui est bon conducteur de la chaleur et de l'électricité ; il résiste bien à l'action oxydante de l'air à cause de sa patine, qui forme couche protectrice ; il est malléable à chaud et à froid, se forge mais ne se soude pas à lui-même, il faut interposer de la *brasure*.

Son usage est réservé à la fabrication des appareils où se transforment des produits organiques : brasseries, articles de cuisine, sucreries, distilleries, etc. ; en machines à vapeur, il a des emplois nombreux comme conduites de vapeur, en raison du cintrage facile que l'on obtient pour des tuyaux qui passent, souvent, dans des endroits déjà encombrés ; dans ce cas, pour les coudes, on les remplit de résine ou de sable.

Les marteaux avec lesquels on travaille le cuivre sont de formes peu différentes de ceux employés en chaudronnerie de fer; il y a le marteau à planer, le maillet et le marteau à emboutir ou à rétreindre. Les tasseaux varient selon la forme intérieure des pièces à travailler; une des extrémités de la barre sert d'enclume ; à l'autre bout, elle est faite avec embase et tronc de pyramide ; en outre du *chevalet* (fig. 503, Pl. IV) qui porte un trou carré pour recevoir certains outils, ces tasseaux reçoivent des noms imposés par leur profil : pied de chèvre (fig. 500, Pl. IV), tas rond (fig. 497, Pl. IV) ; tas fer à cheval (fig. 497, un peu modifiée); boule ronde (fig. 497, avec une sphère); boule coudée (fig. 501);

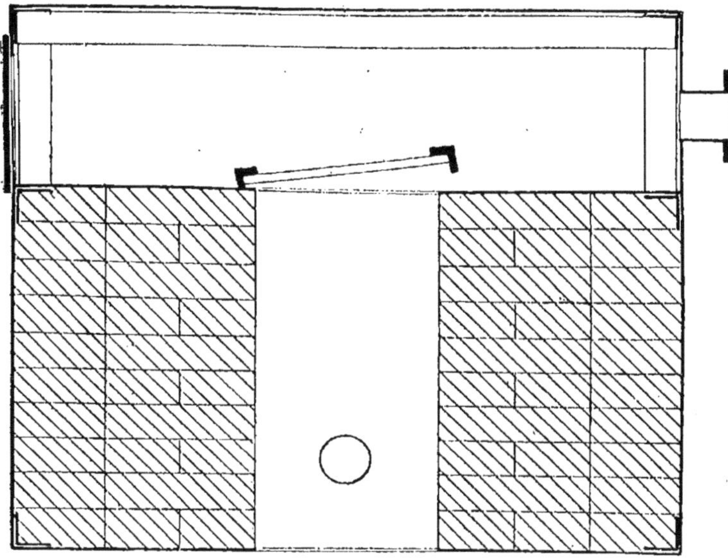

Fig. 525.

rognons et bigorne (fig. 502). Ces outils sont assez analogues à ceux des chaudronniers en fer.

Le chevalet est maintenu en place par des coins ou des cales dans un poteau; les enclumes ne diffèrent pas de celles déjà décrites et il y a ordinairement plusieurs bigornes de tailles progressives dans un atelier.

Les forges sont dans le même cas; il faut cependant les distinguer du four à souder qui, dans son principe, est un petit gazogène. Il est cylindrique et se compose (fig. 525) d'une enveloppe en tôle de 3 à 4 millimètres, vers le tiers de la hauteur de laquelle une plaque intermédiaire supporte des briques très réfractaires ; ce plancher est percé, en son centre, en regard d'une grille mobile sur laquelle on met du coke enflammé ; au-dessous de la grille, existe une buse par laquelle arrive le vent d'une soufflerie ou d'un ventilateur ; dans le corps cylindrique il y en a une autre et, par le jeu de valves, on régularise la flamme du chalumeau selon les besoins du travail, de façon à obtenir un mélange intime des gaz ; quand on ne s'en sert plus, on retire les tringles de support de la grille et on se débarrasse du combustible et des crasses, par une porte latérale.

Ce four s'emploie pour braser, c'est-à-dire, en chaudronnerie, pour souder ensemble, soit des pièces de cuivre et de fer, soit en cuivre toutes deux, soit en cuivre et laiton ; l'alliage se compose généralement :

Zinc de 48 à 75;
Cuivre de 52 à 25.

Pour cuivre sur fer on ajoute un peu d'étain ; on facilite la liaison en ajoutant du borax qui décape parfaitement les surfaces et empêche l'oxydation des surfaces à la température élevée de l'opération, en outre la pâte obtenue retient les grains de soudure ; il faut approprier à la lime les pièces à braser que l'on tient ensuite rapprochées par des ligatures en fil de fer mince.

Les tuyaux en cuivre, quand ils ne sont pas fabriqués par étirages mécaniques, sans soudure, peuvent s'obtenir avec des feuilles de métal dont on amincit les bords à la lime, à la machine à raboter, à la fraise ou au marteau ; c'est, d'ailleurs, le moyen employé pour souder toutes les pièces par agrafure.

On découpe ensuite le bord des feuilles à la cisaille, en forme de dents entrant l'une dans l'autre, et on procède en-

TUYAUX					BRIDES				BOULONS		
d Diamètre intérieur.	*e* Épaisseur.	*a* Mâle.	*b* Femelle.	*c* Feuillure.	*h* Diamètre.	*i* Trou.	*k* Feuillure.	*l* Épaisseur.	*m* Diamètre.	*t* Trou.	*n* Nombre.
10	1.0	7	10	32	70	13	1.0	8	48	9.5	3
15	1.0	9	15	40	80	18	1.0	9	56	9.5	3
20	1.5	12	20	46	90	25	1.5	10	64	13	3
25	1.5	14	25	50	100	30	1.5	11	70	13	3
30	2.0	16	30	58	110	36	2.0	12	78	13	3
40	2.5	20	40	72	130	48	2.5	13	94	16	3
50	3.0	24	50	86	146	60	3.0	15	108	16	4
60	3.0	28	60	98	166	70	3.0	16	126	19.5	4
80	3.5	32	80	126	200	92	3.5	18	160	19.5	4
100	3.5	36	100	152	220	112	3.5	20	180	19.5	5
125	3.5	42	125	194	266	136	3.5	23	222	19.5	6
145	4.0	46	145	210	294	156	4	25	244	22.5	6

suite à la soudure en ménageant une rigole sur la partie à souder ; au four, où l'on porte ensuite les pièces, la soudure doit rester un peu pâteuse.

Quand on juge que la brasure est réussie, on s'assure qu'elle est solide en soumettant le tuyau à une pression d'eau et on achève en régularisant au chevalet; mais la forme cylindrique est donnée sur des bancs à étirer, où la bague

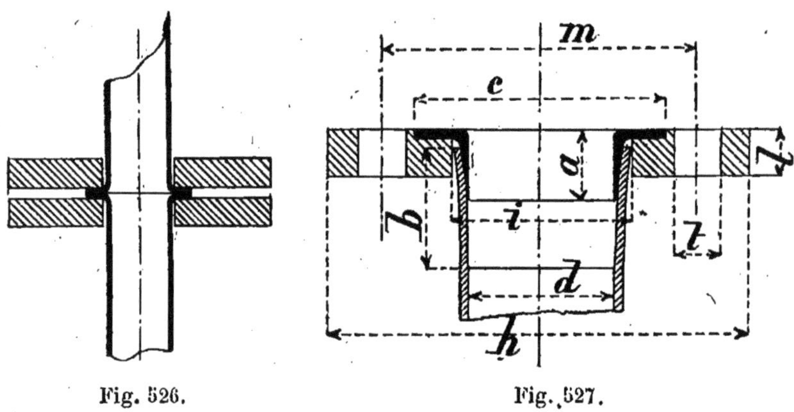

Fig. 526. Fig. 527.

sert non pas à allonger le tuyau, mais à le façonner et à le régulariser.

Pour abouter des tuyaux, en vue de leur donner une longueur voulue, deux moyens sont employés : par brides brasées ou par emboîtage; les brides brasées, elles-mêmes, sont réunies au corps cylindrique, soit par un simple assemblage serrant des collets rabattus au marteau (fig. 526), soit qu'elles soient effectivement brasées et du même métal que le tuyau (fig. 527). Certains constructeurs se servent aussi de l'appareil connu sous le nom de dudgeon (celui de l'inventeur), pour mandriner des tubes l'un sur l'autre.

La soudure par emboîtage (fig. 528) se fait en réduisant ou en rétreignant le bout mâle à son extrémité, sur une longueur à peu près égale au diamètre, ou conformément aux indications du tableau de la page 73 ; le bout femelle est au contraire un peu relevé et on lime proprement les contours du godet ainsi obtenu; on y dépose un mélange de borax et de soudure et on expose le tout à l'action d'un

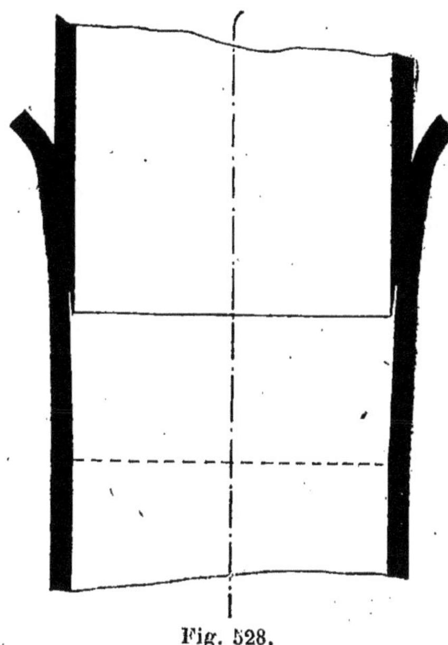

Fig. 528.

jet de flamme horizontal ; on peut utiliser pour cela le gazogène au four à souder où l'on fait arriver le vent, par le trou du plateau supérieur ; le dard de chalumeau sort alors par la buse du haut.

Quand la brasure est terminée, on uniformise la saillie du collet et on l'enlève même quelquefois, bien que cela diminue la solidité de l'emboîtage.

Pour cintrer les tuyaux, lorsqu'ils sont brasés, on les fait recuire au préalable, puis on y coule de la résine afin qu'ils ne s'aplatissent pas. Le travail s'exécute à froid, avec un marteau léger et en effaçant, au fur et à mesure, les irrégularités qui se produisent du côté du refoulement ; il ne faut pas chercher à obtenir d'un seul coup un petit rayon de courbure ; on doit au contraire recuire le tuyau autant qu'il est nécessaire.

Il faut avoir soin, avec les tuyaux brasés, de prendre la génératrice de joint comme circonférence moyenne du tore définitif, c'est-à-dire que, dans la plupart des cas, la ligne de brasure reste plane ; de plus, la pince ou épaisseur du cuivre en saillie, sera tournée vers le centre par rapport à la pince intérieure.

On tourne quelquefois la difficulté du cintrage des forts tuyaux en les aplatissant, mais on remarquera que ce procédé diminue leur section. Avec des tuyaux étirés, les recommandations ci-dessus disparaissent; cependant on doit veiller très attentivement, dans le travail de cintrage, à ne pas provoquer l'apparition de gerces qui se produisent lorsque la fabrication n'a pas livré des produits homogènes et d'égale épaisseur d'un bout à l'autre du tuyau.

La rencontre de deux tuyaux, de diamètres égaux ou non, s'appelle une *tubulure ;* pour réunir la brasure d'une tubulure, l'ouvrier doit prendre les plus grands soins, surtout quand il s'agit d'une *culotte* ou liaison d'un tuyau de fort diamètre avec un tuyau plus petit. L'empatture sera épaisse et, pour souder, on prépare le tuyau continu en y pratiquant une ouverture plus ou moins grande, proportionnée à la forme de la culotte.

La culotte se place et se brase à l'extérieur, après qu'on a élargi et ovalisé son about selon le contour des lignes de pénétration. D'autres fois on ne perce le petit tuyau qu'après coup, en faisant fondre la brasure en dedans ; mais il est évident que, dans ce cas, la longueur de la culotte est assez courte pour que la mèche puisse être bien guidée pour cette opération.

On peut enfin, pour des pièces épaisses ou trop contournées pour que le travail donne pleine sécurité, les confectionner en plusieurs parties que l'on emboutit ou même que l'on rive, puis que l'on encolle par brasure ; cette manière porte le nom de pièces en coquilles.

Il est très difficile de souder le cuivre ou le laiton sur du bronze, à cause de leurs points de fusion très différents ; on dispose alors deux fourneaux en regard l'un de l'autre, présentant une ouverture demi-cylindrique pour le passage du tuyau, et dont les flammes se rencontrent.

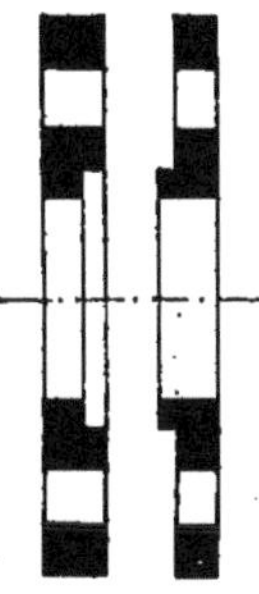

Fig. 529.

L'emploi le plus fréquent des tuyautages de cuivre se fait pour les conduites de vapeur ; comme elles doivent être faciles à visiter, on dispose sur les tuyaux des colliers ou *brides* qui se font en fer, avec des trous forés pour le passage des boulons ou des vis et qui sont tournées sur champ; ordinairement elles ont une gorge où se loge le collet battu et un système recommandé est celui où la bride correspondante entre d'une certaine quantité dans cette gorge (fig. 529); on brase les extrémités des tuyaux et ces brides et on interpose, au fond de la rainure, une simple rondelle de plomb.

Quant aux brides du commerce, elles se font rondes ou ovales et avec un nombre et un diamètre de trous en rapport avec le diamètre du tuyau.

Pour obtenir des serpentins, on cintre les tuyaux, de la façon décrite ci-avant, par parties séparées sur des calibres ou sur des mandrins ; puis, les montant provisoirement sur des pieds ou des entretoises en fer, on en brase les extrémités de proche en proche lorsque le serpentin est cylindrique; avec des serpentins en spirale, il faut commencer par en tracer la forme qui est une développante de cercle (voir *Engrenages*) et par en relever les éléments avec des gabarits en fer rond, lesquels serviront à guider le travail de cintrage ; on les assemble ensuite provisoirement et on en brase les abouts.

Il n'y a aucune difficulté à confectionner les serpentins plats qui sont composés de tuyaux droits reliés par des coudes en demi-cercle ou en quart de cercle ; on doit toutefois donner une forte épaisseur aux parties cintrées.

CHAPITRE VII

CHAUDIÈRES

Nous conformant au rôle que nous nous sommes assigné dans ce manuel, nous croyons nécessaire de prévenir le lecteur de notre intention de n'entrer que dans un très petit nombre des considérations théoriques sur lesquelles sont basés les calculs des chaudières ; à l'heure actuelle surtout, où la chaudière tubulaire ou multi-tubulaire a reçu la consécration de l'expérience, la grande majorité des constructeurs a laissé de côté, avec juste raison, une partie des chiffres scientifiques sur lesquels s'édifiait la résistance de ces appareils, pour chercher à satisfaire plutôt, par des formules ou des données empiriques, aux conditions de marche, d'entretien ou de réparations faciles qui leur étaient dictées au fur et à mesure du développement de la puissance mécanique.

Généralités. — La vapeur d'eau, dont la tension est utilisée à pousser le piston des moteurs, est produite dans un appareil appelé *chaudière* ou *générateur*, vase clos où, par le chauffage, on porte d'abord l'eau à l'ébullition ; puis, en raison de ce que ce vase est hermétique et soumis à l'influence de la combustion, on emmagasine, en quelque sorte, la chaleur tant dans le liquide que dans les vapeurs remplissant le reste de la capacité et on tend à en distendre les molécules; mais comme elles sont contenues dans un espace restreint et, en somme, invariable, le résultat de la combustion est une *pression* de la vapeur ; c'est déjà là une application de la théorie mécanique de la chaleur (voir *Mécanique générale*).

Il ne faut pas croire que la température d'ébullition, dans une chaudière, soit de 100 degrés, telle qu'à l'air libre lorsque l'eau bout ; plus la pression augmente, plus les bulles paraissent avoir de difficulté à se former et, par suite, à se dégager, et, dès lors, la température de l'eau chauffée, qui approvisionne de vapeur chaque coup de piston, sera en relation avec la pression qui existe à sa surface ; voici les chiffres correspondants exprimés en atmosphères (voir plus loin).

PRESSION	TEMPÉRATURE
1	100
2	120
3	234
4	144
5	153
6	159
7	165
8	170
10	180
12	188
15	200
20	215
27	230

Une chaudière, considérée comme un agent intermédiaire entre le combustible, quel qu'il soit, et la vapeur, c'est-à-dire entre la chaleur et la pression emmagasinées de part et d'autre, comprend :

Le *foyer* ou source de chaleur;

Le réservoir ou *chaudière* proprement dite, qui contient l'eau et la vapeur engendrée ;

La *cheminée*, par où se fait l'appel des gaz nécessaires à la combustion et de ceux qui en résultent.

Les dispositions et les formes des générateurs sont variées à l'infini ; leurs modifications ont pour but de satisfaire à des conditions extrêmement diverses, telles que l'économie de combustible, le prix d'acquisition, l'emplacement, la rapidité de vaporisation, la suppression de la fumée, etc., qui seules peuvent guider dans le choix ou l'étude d'une chaudière.

De quelque manière qu'on résolve la question, il y a des rapports établis entre quelques-unes des données du problème ; c'est ainsi que la *surface de chauffe*, expression par laquelle on entend la superficie totale exposée au feu direct et aux gaz qui circulent contre les parois avant d'atteindre la cheminée, doit être proportionnée au poids de l'eau et, par conséquent, de la vapeur consommée dans l'unité de temps dont on a besoin.

L'indécision est déjà grande à ce propos ; car si, pour la plupart des générateurs fixes, on admet que 1 mètre carré de surface de chauffe est susceptible de produire de 15 à 30 kilogrammes de vapeur, selon que la combustion est lente ou active, on dépasse largement ces chiffres dans des chaudières de locomotive, par exemple, où, par un *tirage* artificiel, on arrive à 50 kilogrammes pour cette même unité de surface.

L'habileté du chauffeur intervient, d'ailleurs, pour une grande part dans l'allure active ou économique de la chaufferie, ainsi que nous le verrons plus loin, et nous donnerons tous les renseignements techniques plus spéciaux à la conduite des feux. N'envisageant, pour le moment, que ce qui a trait à la chaudronnerie, nous allons examiner la construction des foyers, où s'opère la combustion, c'est-à-dire la combinaison d'un corps tel que le charbon avec l'oxygène contenu dans l'air appelé par la cheminée ou par un moyen artificiel car, dans un générateur, c'est la partie la plus précieuse de la surface de chauffe.

Foyer. — Ses dimensions varient essentiellement avec la nature du combustible employé et cela s'explique par la nécessité où l'on est d'établir le contact le plus intime possible entre un combustible solide, divisé en fragments de toutes grosseurs, et l'air qui l'alimente. D'autre part, chacune des matières que l'on brûle dans le foyer est susceptible de produire, par sa combustion complète, la vaporisation de quantités variables d'eau ; c'est ainsi que la houille ordinaire vaporise de 5 à 9 kilogrammes et que les substances ligneuses ne vaporisent que de 2 à 5 kilogrammes d'eau par kilogramme.

En pratique, en une heure sur un mètre carré de grille, on brûle en moyenne :

60 à 85 kilogrammes de houille ;
100 à 160 kilogrammes de ligneux ;
160 à 180 kilogrammes de tourbe ou de bois desséché.

On appelle foyer l'espace où s'opère la production du calorique ; la *grille* divise le foyer en deux parties : la chambre de combustion, en haut ; le *cendrier*, en dessous. Il convient de protéger par des matériaux réfractaires toutes les parties du foyer exposées à l'action directe de la flamme et qui, par leur paroi opposée, ne seraient pas en contact avec l'eau ; la même observation s'applique à la cheminée et aux carneaux, lorsque la flamme va jusque-là.

La grille est constituée par des barreaux en fonte d'une qualité spéciale dont il faut avoir soin de prévoir la dilatation ; ainsi que nous l'avons vu dans le chapitre *Forge et Fonderie*, cette dilatation est, après quelque usage, permanente et atteint jusqu'à 2 pour 100 de la longueur. Ces barreaux se posent sur des sommiers dont l'un est incliné, pour recevoir l'extrémité taillée en biseau ; on laisse un vide entre eux, grâce à des talons latéraux ou tout autre système d'écartement, afin que, d'une part, l'air puisse arriver vers le combustible et qu'en outre, le métal de la grille soit rafraîchi par cet air frais qui se chauffe plus ou moins pendant ce passage ; en conséquence il est bon que les barreaux soient aussi minces que le permet la résistance de la fonte à la température du foyer, pour que l'action de l'air ainsi réparti soit plus efficace tant sur les barreaux que sur le combustible. Le vide d'une grille sera donc de un tiers à un quart de sa surface totale ; on termine la grille, vers la porte de la devanture, par une plaque de fonte horizontale, et la porte elle-même doit être protégée par une contre-porte fixée sur celle-ci à quelques centimètres de distance.

En raison de la difficulté, pour le chauffeur, d'envoyer le charbon jusqu'au fond du fourneau, contre l'*autel*, il ne faut pas dépasser 2 mètres de longueur de grille ; sinon ce travail serait pénible et, la plupart du temps, mal exécuté ; la hauteur de la grille au-dessus du sol de la chaufferie est prise de 0 m. 75 à 0 m. 80 et la distance entre la grille et la partie de chaudière qui forme la voûte du fourneau varie avec le combustible prévu dans le projet de chaudière : 0 m. 50 en moyenne pour la houille.

L'ouverture de la porte est, ordinairement, pratiquée dans une devanture en fonte et, dans ce cas, il est assez simple d'adjoindre aussi une porte inférieure pour le cendrier qui constitue la seconde partie du foyer ; la hauteur doit être suffisante pour une libre entrée de l'air et la porte du cendrier sert quelquefois de registre pour modérer l'allure de la combustion.

Une excellente habitude des constructeurs soigneux est de disposer, selon les circonstances, un réservoir de peu de hauteur rempli d'eau dans le bas du cendrier; les escarbilles et mâchefers incandescents, qui tombent de la grille dans cette eau, s'éteignent immédiatement sans former de poussiers malpropres; le peu de vapeur qu'ils produisent ont un bon résultat sur le combustible en ignition; enfin l'eau constitue une sorte de miroir qui réfléchit l'ensemble du foyer et qui guide le chauffeur dans la conduite de la chaudière.

Cheminée. — Les gaz formés sur la grille, aussi bien que l'air en excès et l'azote inerte sont aspirés par la cheminée et évacués à une hauteur suffisante pour qu'ils soient inoffensifs. Elles se font en tôle ou en briques et il faut, dans la construction de ces dernières, ne pas chercher une trop grande économie de maçonnerie en ce sens que le dernier rang, dans le haut, qui n'a le plus souvent que l'épaisseur d'une brique (11 à 12 centimètres), a tendance à périr très vite.

On devra également se rappeler que la surface de la cheminée, exposée aux vents régnants et à la pluie la plus habituelle, se détériore beaucoup plus promptement par ses joints, qui sont délavés et rongés.

Le profil extérieur est continu, mais l'intérieur remonte en redents successifs correspondant au cône général et disposés de façon à avoir une section constante dans le haut de chaque tronc de cône. Nous donnons ci-après le tableau de bonnes proportions pour ce genre de construction, où on ne doit considérer l'indication relative aux chevaux-vapeur que comme une donnée approximative pour un avant-projet :

HAUTEUR	DIAMÈTRE intérieur au sommet.	Nombre de CHEVAUX vapeur.	CONSOMMATION PAR HEURE	
			HOUILLE	BOIS
Mètres.	Mètres.		Kilogr.	Kilogr.
12	0.32	9	26	53
15	0.40	15	46	92
18	0.48	24	73	145
20	0.53	31	95	189
22	0.59	40	120	239
25	0.67	55	165	330
28	0.75	73	219	438
30	0.80	87	260	520
32	0.85	102	306	612
35	0.93	128	383	766
38	1.00	157	471	941
40	1.07	178	535	1070
42	1.12	200	600	1200
45	1.20	239	718	1235
48	1.28	281	844	1688
50	1.33	312	935	1870
52	1.39	344	1030	2060
55	1.47	395	1186	2372
58	1.55	450	1355	2710
60	1.60	490	1475	2950

Chaudières à foyer extérieur. — Une bonne chaudière doit satisfaire aux principales conditions suivantes :

Résister à la pression ;

Offrir une surface de chauffe bien disposée pour l'utilisation du calorique ;

Être agencée pour que les dépôts ou incrustations s'enlèvent facilement ;

Permettre une dilatation logique de toutes les parties.

Dans ces générateurs, le foyer est placé dans une enceinte en maçonnerie et une partie de la chaudière reçoit le rayonnement direct du foyer ; cependant il y a de grandes pertes de chaleur par les parois, ce qui se produit aussi, mais à moindre degré, dans les chaudières à foyer intérieur.

Le type le plus répandu est la chaudière à bouilleurs constituée par trois tubes cylindriques (fig. 530); les deux cylindres du bas ont un diamètre d'environ moitié de celui

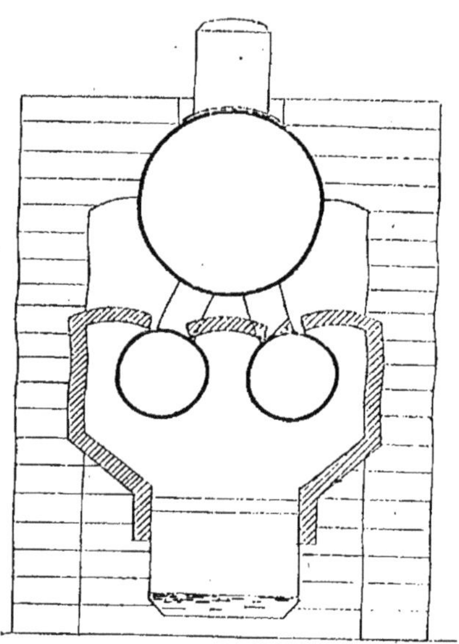

Fig. 530.

du tube supérieur; la distance entre les bouilleurs ainsi que celle à la maçonnerie est de 8 à 10 centimètres.

Pour de petites chaudières, on peut se contenter de ne mettre qu'un seul bouilleur.

La grille est placée à l'une des extrémités des bouilleurs et les murs latéraux les enveloppent sur leur longueur; la flamme sortant du foyer commence par parcourir horizontalement tout le carneau, en contact avec les petits cylindres; elle s'élève ensuite verticalement et lèche leurs fonds emboutis d'arrière pour pénétrer entre une cloison horizontale en briques et le cylindre supérieur et revenir vers la façade par un côté du corps principal ; vers la devanture elle entre dans un troisième carneau longitudinal au bout duquel les gaz sont évacués dans la cheminée.

Les bouilleurs sont réunis à la chaudière par des *cuissards ;* ils sont ordinairement l'un au-dessus du foyer qui sert à la principale sortie de vapeur et l'autre à une certaine distance, par où passe l'eau qui remplace la vapeur formée ; il est bon de donner une pente vers l'arrière de 1 pour 60 à 1 pour 100, ce qui correspond à une différence de 2 à 3 centimètres dans la hauteur des cuissards et ce qui aide au dégagement des bulles. Pour obtenir une circulation complète, on dispose parfois deux cuissards tout au bout ; cependant, s'ils sont trop éloignés, il y a inégalité de dilatation et, par conséquent, chance de fuite ; une distance convenable est 1 m. 50 environ l'un de l'autre.

A cause des incrustations qu'il faut nettoyer en s'introduisant dans les bouilleurs, il ne faut pas leur donner un diamètre inférieur à 0 m. 50 ; 0 m. 70 à 1 mètre est une dimension moyenne. L'eau, contenue dans l'ensemble de la chaudière, emmagasine une quantité importante de calories et son volume contrebalance les effets des changements de température du foyer ; il ne faut donc pas descendre, pour ce volume d'eau, au-dessous d'une certaine limite : 8 à 12 fois le volume d'eau vaporisée par heure. Si on l'exagérait, la mise en marche serait beaucoup trop longue.

La chaudière peut être tenue en place au moyen de supports ou oreilles rivées vers la partie supérieure ; les bouilleurs et le corps principal sont constitués par des viroles en tôle solidement rivées ; nous avons dit qu'il était préférable qu'elles fussent, par paire, de diamètres différents. On façonne les extrémités arrière des bouilleurs sous forme de fonds emboutis, dont les bords ont une pince relevée au marteau ou emboutie mécaniquement et qui se rivent au-dedans des cylindres ; à l'avant, on termine par un fond en fonte sur lequel s'ajuste un tampon ovale autoclave dit *trou-d'homme* (fig. 531), par lequel on pénètre pour effectuer le nettoyage. La plupart du temps, la chaudière offre la même disposition ; mais, d'autres fois, ce trou-d'homme est prévu dans le *dôme de vapeur.*

Ce dôme de vapeur est indispensable pour que la machine puisse y puiser de la vapeur plus sèche que celle du

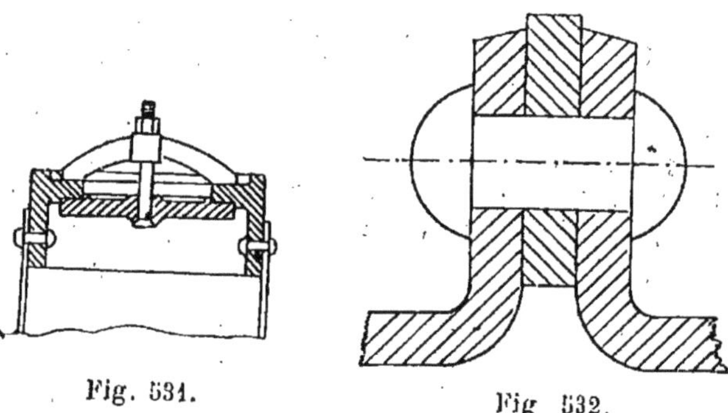

Fig. 531. Fig. 532.

corps supérieur, à laquelle se mélangent des gouttelettes d'eau entraînée; de plus il augmente le volume de la chambre de vapeur, ce qui a une assez grande importance ; il faut bien remarquer, en effet, qu'une machine s'alimente d'une façon intermittente à la chaudière, surtout avec les grandes détentes qu'on pratique de plus en plus ; le volume de la chambre de vapeur est pris entre 2 et 3 fois le volume d'eau vaporisée par heure. Quant à la surface de vaporisation, plus elle est grande, plus les bulles sont petites et moins les soubresauts sont violents.

Le dôme est formé, autant que possible, d'une seule feuille de tôle roulée et rivée ; par son bord inférieur embouti au marteau, il s'assemble vers le milieu d'une virole de la chaudière, avec laquelle il est en communication par une large ouverture, mais toutefois d'un diamètre beaucoup plus petit que celui du dôme, afin de ne pas affaiblir la résistance de la virole.

La disposition des tôles doit être étudiée en principe pour éviter le plus possible d'exposer les rivures à l'action directe du foyer; la rivure assure non seulement la solidité, mais, comme elle est complétée par le matage des chanfreins, elle doit aussi rendre le joint étanche; or on a reconnu que le matage, qui écrouit la tôle, disparaît assez vite dans les parties chauffées. On devra, par conséquent, choisir de grandes tôles pour celles qui reçoivent le coup de feu et protéger les assemblages par la maçonnerie ou les faire intérieurs (fig. 532); enfin la qualité de la matière devra être supérieure à celle des viroles ordinaires, ce qui conduit à adopter la tôle d'acier pour la première virole s'étendant de la devanture à l'autel. Les communications entre les bouilleurs et la chaudière ont lieu par des cylindres en tôle à collets relevés et rivés; il ne faut pas descendre au-dessous de 0 m. 30 pour le diamètre de ces cuissards dont l'axe passe par le centre des bouilleurs, mais non par celui de la chaudière, car s'ils étaient trop rapprochés, la construction serait difficile et, par suite, mauvaise.

Les *chandeliers* ou supports des cylindres doivent être agencés pour laisser la libre dilatation des bouilleurs et de la chaudière; sinon toute la maçonnerie ne tarderait pas à être disloquée.

Au point de vue des détails de maçonnerie, on doit toujours construire en briques entières les parois intérieures; parfois on rejointaie en terre à four, mais c'est peu recommandable, car les joints s'ouvrent et laissent passer de l'air; il est préférable de rejointayer avec de la limaille de fer.

Quand plusieurs chaudières sont accolées, on est porté à croire qu'il faut moins d'épaisseur; cependant il arrive que l'on doit reconstruire une de ces chaudières ou la réparer, et l'ouvrier qui s'introduit le long de la paroi chaude de la chaudière voisine, en pression, peut être considérablement géné par ce mode de procéder.

La maçonnerie entoure toute la chaudière, excepté sur la paroi supérieure, où, ordinairement, on n'en met pas afin de pouvoir vérifier s'il n'y a pas de fuite et, au besoin, mater les joints; il est d'usage de remplir cet intervalle avec du gros sable sec que l'on enlève facilement lorsqu'il en est besoin.

Pour s'opposer, dans la mesure du possible, aux dislocations, on emploie des armatures en fonte on en fer qui sont enfoncées de 0 m. 30 à 0 m. 40 dans le sol et reliées, à la partie supérieure, à des entretoises latérales et longitudinales.

Chaudières à foyer intérieur. — Dans les générateurs précédents il y a une énorme déperdition de calorique par les parois, quelque épaisseur qu'on leur donne; dans les chaudières à foyer intérieur, on évite la transmission de la chaleur directe, la plus précieuse, par la maçonnerie; la température du métal ne dépasse pas beaucoup celle de l'eau; on évite beaucoup mieux les coups de feu, fréquents sur les bouilleurs dont la longueur provoque quelquefois des flexions; leur construction est simple et, en employant des tôles de bonne qualité, avec des rivures bien disposées, leur durée est satisfaisante. De plus les gaz ne peuvent y échapper par aucune fissure, ce qui a lieu dans celles à foyer extérieur, où la maçonnerie est à température élevée.

Il en existe deux catégories : les chaudières à petit tube et les chaudières à gros tube (fig. 533). Il y a trois circulations : la flamme parcourt le tube intérieur et débouche vers le fond arrière ; elle contourne ensuite l'un des côtés extérieurs, passe en dessous du corps principal et pénètre dans l'autre carneau latéral pour aboutir au carneau menant à la cheminée.

On doit armer les fonds plats de la chaudière ; le rapport entre la surface de chauffe et celle de l'ensemble de la chaudière est plus grand. Diverses dispositions sont adoptées

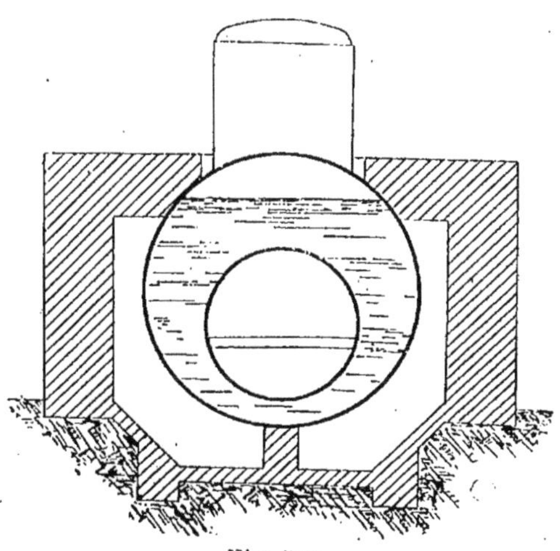

Fig. 533.

lorsqu'il y a deux foyers, mais, ordinairement, ces chaudières sont astreintes à un service intermittent, car on est obligé de les nettoyer fréquemment, par suite des dépôts dans les tubes intérieurs.

Il est indispensable que le dessus du tube soit toujours recouvert d'une lame d'eau suffisante ; sinon, même sans coup de feu, il y aurait ébullition tumultueuse et, par conséquent, entraînement d'eau.

Les chaudières à deux foyers permettent de charger alternativement le combustible ; c'est donc une excellente disposition au point de vue de la fumivorité, puisque les particules charbonneuses qui sont entraînées lors du chargement se brûlent à peu près complètement, au contact des gaz à température élevée du deuxième foyer en pleine allure.

Chaudière Galloway. — C'est une modification de la chaudière à tube intérieur où deux foyers débouchent, à l'arrière de l'autel, dans un même tube de section particulière ; la chambre est elliptique ou en haricot ; comme la résistance serait insuffisante, on réunit le haut et le bas (fig. 534) par une série de tubes tronconiques faisant communiquer la partie supérieure et la partie inférieure. On les croise pour que le courant de gaz se divise à leur rencontre ; la forme tronconique facilite la construction, car la bride inférieure peut passer par le trou supérieur.

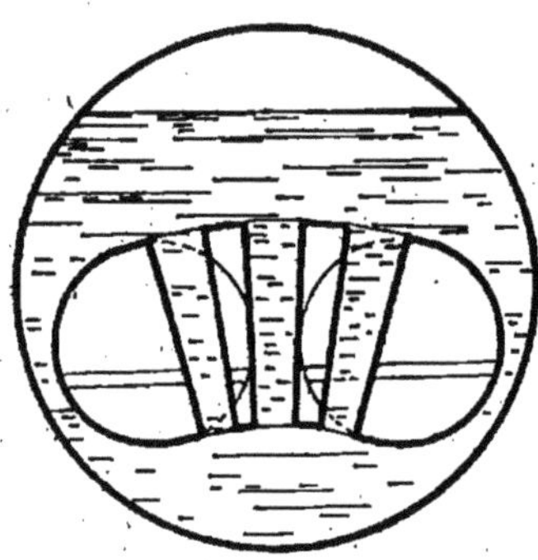

Fig. 534.

Les avantages de ce système sont l'augmentation de la surface de chauffe, les gaz abandonnent plus de chaleur ; ces tubes donnent une résistance convenable et, enfin, la circulation de l'eau se fait dans de meilleures conditions.

Dans un générateur vertical qui a quelque analogie avec la chaudière Galloway, on a établi le four à la partie basse, entourée d'eau sur tous ses côtés ; le tube central est traversé par des tuyaux légèrement inclinés pleins d'eau, qui débouchent dans l'intervalle compris entre le tube intérieur et l'enveloppe ; la cheminée est rivée à la partie supérieure et les gaz tourbillonnent entre les chicanes, avant de l'atteindre. Afin de pouvoir nettoyer ces tubes transversaux, la tôle d'enveloppe porte des bouchons en regard de chacune de l'extrémité des petits tubes.

Chaudières tubulaires. — Elles ont d'abord été appliquées aux locomotives, dans le but d'augmenter la surface de chauffe sans augmenter l'espace occupé et, aujourd'hui encore, on les adopte lorsque l'on ne dispose que d'un espace limité et que l'on désire une mise en pression plus rapide.

Les gaz circulent à l'intérieur de tubes et aboutissent dans la boîte à fumée; leur longueur peut aller jusqu'à 5 ou 6 mètres; ce type de chaudière exige évidemment, un plus fort tirage que les précédents, à cause du plus grand frottement dans l'écoulement des gaz; mais le rendement est plus élevé. Il est bon de laisser, après l'autel, une longueur de 1 mètre à 1 m. 50 pour que la flamme se développe et que la combustion s'achève; on appelle cet espace la chambre de combustion, à la suite de laquelle se présente le faisceau tubulaire.

La plus grande difficulté résidé dans le nettoyage autour des tubes; mais nous verrons plus tard par quels moyens on fait ce *piquage*.

Les tubes des générateurs tubulaires se font aujourd'hui presque exclusivement en fer; autrefois on les confectionnait en cuivre ou en laiton; certains systèmes sont démontables et le nombre de types en service est considérable.

Ce que nous devons indiquer, dans ce chapitre de la *Chaudronnerie*, ce sont les conditions générales qu'ils doivent remplir et leurs modes les plus fréquents en construction, qui varient avec chaque inventeur.

Nous avons dit que les produits de la combustion ne devaient y pénétrer que lorsque cette combustion est complète; en effet, à l'intérieur du faisceau tubulaire, la température est insuffisante et l'on risque de provoquer des dépôts de suie, tout en n'utilisant pas la surface de chauffe d'une façon logique.

On doit envisager aussi la circulation de l'eau entre les tubes et le dégagement facile de la vapeur; d'autre part, ces tubes sont fixés dans des *plaques tubulaires* d'une qualité supérieure ou en tôle d'acier et il est nécessaire de n'en pas amoindrir la résistance, surtout du côté du foyer où la température est élevée.

Enfin, à part l'enlèvement des incrustations, le volume de l'eau contenue doit être tel qu'il n'y ait aucune tendance à des irrégularités de pression.

Plaques tubulaires. — Elles ont un rôle important, car, la plupart du temps, elles constituent le fond du foyer et l'extrémité des tubes est, dès lors, exposée à l'action directe de la flamme.

Lorsque l'on craint pour leur solidité, on les arme au moyen de tirants ou de tubes vissés et quelquefois même, on les consolide par des armatures extérieures, comme les dômes plans; ce qu'il faut avoir soin de prévoir, c'est une dilatation libre et uniforme dans l'ensemble du faisceau tubulaire. Il est prudent de ne pas leur donner moins de 16 millimètres d'épaisseur; les trous pour les tubes sont percés, ainsi que nous l'avons vu dans le chapitre *Machines-Outils*, avec des lames à crochet montées sur un porte-lame guidé dans un avant-trou.

Les tirants d'entretoisement sont disposés de façon à répartir les efforts qui se produisent sur les plaques aussi également que possible; des rondelles sont interposées entre les écrous et la plaque et elles ne doivent pas intercepter le courant gazeux; c'est au moment de l'allumage que leur résistance est surtout mise à l'épreuve, car la flamme dilate tout le corps tubulaire avant que l'eau n'atteigne sa température normale et ne transmette la même dilatation aux autres parties de la chaudière.

Entre chaque trou, il est d'usage de réserver un peu moins de 20 millimètres et, si faire se peut, les centres sont par files verticales, en vue de la facilité du nettoyage.

Tubes. — Il y a une distinction à établir entre les tubes où les gaz circulent à l'intérieur et ceux où, contenant de l'eau, la flamme ou le courant les lèche à leur pourtour extérieur. Tout ce que nous avons dit jusqu'à présent s'applique aux premiers ; l'assemblage des autres est différent, comme, par exemple, dans les chaudières Field, Belleville, de Naeyer, etc.

Ils sont, de préférence, en fer soudé à recouvrement, ou en acier doux étiré ; le diamètre qu'on leur donne est excessivement variable et doit correspondre, dans chaque cas, à la section totale nécessaire pour l'écoulement des produits de la combustion. Généralement ils sont cylindriques ; cependant, la maison Rouart livre des tubes affectant la forme générale dite en haricot.

Une bonne proportion à adopter, c'est que la section totale libre soit d'environ le cinquième de la surface de la grille.

L'épaisseur des parois de ces tubes ne doit pas être moindre de 4 à 5 millimètres et on en renfle l'extrémité pour les mandriner dans les plaques tubulaires lorsqu'ils ne sont pas assemblés deux à deux, dans le genre des chaudières à circulation extérieure.

Il existe divers procédés pour les mandriner dans les plaques ; le premier en date consistait à employer un mandrin conique introduit à l'intérieur du tube et frappé avec force ; puis on ajustait une bague conique sur le pourtour intérieur et on l'enfonçait à grands coups de masse ; on matait enfin le tube à ses extrémités. On obtenait ainsi une énorme traction sur les plaques et on les rendait absolument solidaires du corps tubulaire ; mais cette traction n'était pas uniformément répartie et il arrivait fréquemment qu'un ou plusieurs tubes travaillaient différemment de leurs voisins, c'est-à-dire dans de très mauvaises conditions.

Berendorf a imaginé une disposition qui permet d'enlever chaque tube, indépendamment des autres ; il est, en effet, souvent nécessaire de changer des tubes, soit qu'ils se soient entartrés, soit qu'ils aient brûlé ou qu'ils fuient ; le tube Berendorf (fig. 535) (1), porte un renflement soudé légèrement conique, avec sommet du même côté ; l'un des diamètres est assez grand pour que l'entrée selon la longueur, puisse avoir lieu facilement.

Les plaques tubulaires ont des cônes correspondants obtenus par alésage avec des lames ou des fraises de forme ; pour monter ce tube, on installe des arcades avec boulons et le tube est ainsi introduit dans les vides de la plaque où il est maintenu par le frottement énergique qui en résulte.

Si la construction du générateur exige qu'il se trouve une autre tôle en face du tube, il est nécessaire que celle-ci possède une ouverture de dimensions convenables pour cette manœuvre ; on la clôture alors par un tampon autoclave.

Pour enlever le tube, on fait l'inverse, en plaçant l'arcade sur la tôle d'entrée.

Ce système donne d'assez bons résultats pour les premières opérations ; mais cependant le joint finit par fuir ; un autre inconvénient, c'est que la pression tend à faire sortir le tube en agissant sur le plus grand diamètre, et on a même eu des exemples de projections auxquelles on a dû remédier en disposant une plaque de garde du côté de la

(1) La Planche VI contient les fig. 535 à 547.

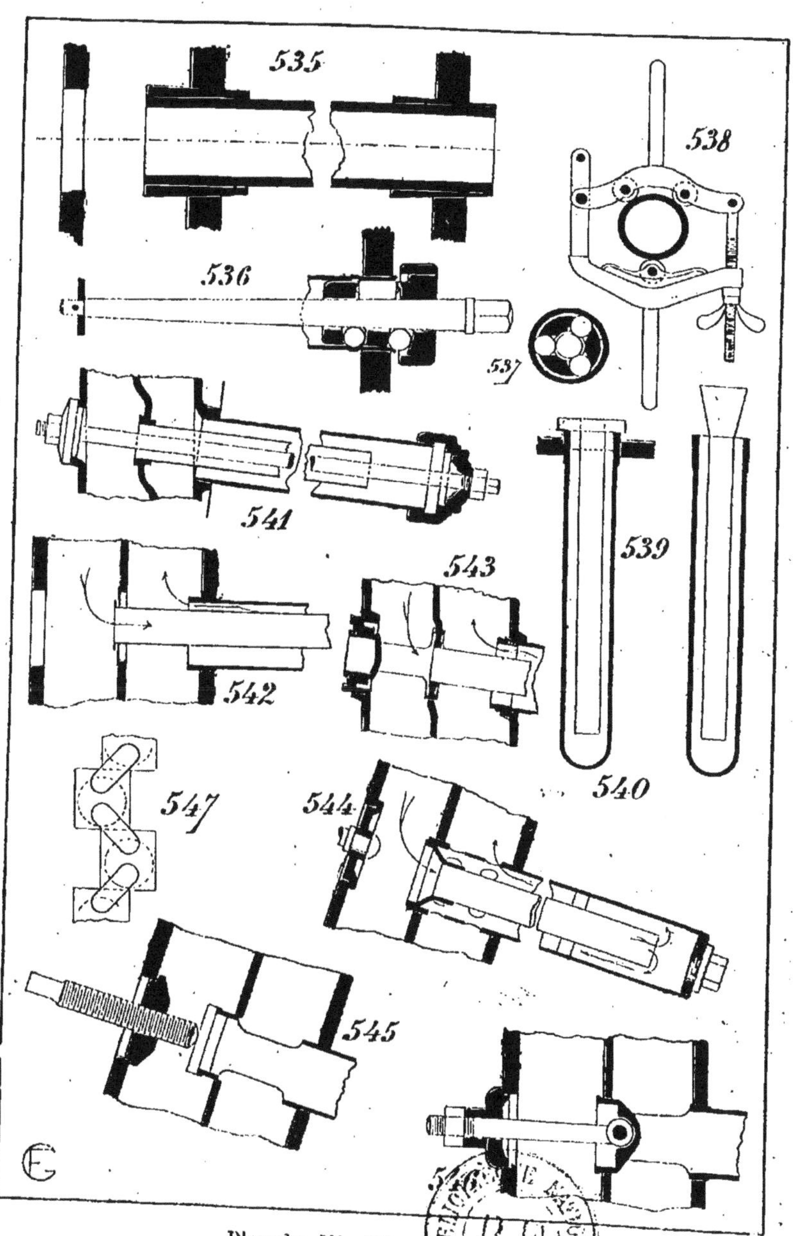

Planche VI. (Fig. 535 à 547).

boîte à fumée ; cette plaque est percée de trous un peu plus petits que ceux des tubes; elle laisse passer la fumée et est choisie suffisamment résistante. On conçoit aisément que des tubes ainsi fixés ne puissent être comptés comme formant entretoises par eux-mêmes.

Dudgeonnage. — C'est une opération qui a remplacé à peu près partout le travail ordinaire dit de *mandrinage ;* celui-ci a simplement pour but d'assembler les tubes dans les plaques tubulaires de façon à assurer une parfaite étanchéité et demande à être fait avec attention pour que les tubes soient absolument fixés à demeure, résistant aux efforts qui tendent à les dégager soit à l'intérieur soit à l'extérieur, efforts de dilatation principalement. Sinon les tubes solliciteraient les plaques dans leurs mouvements inégaux, les ébranleraient et compromettraient l'étanchéité.

L'assemblage se faisait précédemment à la masse, en enfonçant dans le tube une tige légèrement conique qui l'appliquait contre les parois du trou par dilatation ou laminage de la matière ; puis on a pratiqué, tout contre la surface intérieure de la plaque, un renflement du tube qui, combiné avec un évasement à l'extérieur et maté, assurait encore mieux l'étanchéité que par le procédé de simple mandrinage.

Dans certaines chaudières, où le bord des tubes est léché par le courant des gaz chauds, l'évasement extérieur est même complété en appliquant contre la plaque le bout rabattu ; par ce moyen, il y a un contact plus intime entre les parties, et le tube participe mieux de la température moins élevée de la plaque tubulaire ; il se corrode moins rapidement.

Sous sa forme de principe, le dudgeon (du nom de son inventeur) est un outil à galets (fig. 536 et 537) qui étirent le métal et le forcent à adhérer énergiquement par frottement contre les parois du trou ménagé dans la plaque ; cette action est si intense que l'on admet que les tubes entretoisent, de la sorte, suffisamment leurs plaques de support.

L'extrémité du tube se dilate et on augmente son diamètre à l'aide d'une broche centrale introduite entre les galets. Pour se servir de cet appareil, qu'il faut manœuvrer avec précaution, on commence par recuire chaque extrémité du tube à fixer sur un feu de charbon de bois, afin de rendre le métal plus malléable et de faciliter ainsi lé dudgeonnage ; on nettoie aussi au papier émeri ou à la lime les parties du tube et la plaque de tête qui doivent venir en contact, afin de ne pas laisser de corps gras sur les partages.

Le tube est coupé à longueur à la scie ou au coupe-tubes (fig. 538) en réservant 4 à 5 millimètres de plus à chaque bout et emmanché en place. On dudgeonne ensuite les deux extrémités à la fois.

Quelquefois le dudgeon est composé d'une collerette où des galets sont maintenus par une broche conique ; ces galets sont de corps cylindrique terminé par deux demi-sphères ; on enfonce le dudgeon dans le tube jusqu'à ce que la collerette vienne porter sur la plaque tubulaire ; on place ensuite la broche en la faisant tourner en même temps qu'on la frappe à petits coups de maillet mais peu à peu.

Les galets, ainsi entraînés dans le mouvement de rotation, évasent et laminent le tube, en augmentant de plus en plus son adhérence sur les plaques de tête. Il faut avoir soin de ne pas coincer la broche et de ne pas la frapper à faux, car elle se casse rapidement ; à l'aide d'un matoir spécial on écrase la rivure sur la plaque de tête et, s'il y a lieu, on ajoute une bague, ce qui n'offre aucune difficulté.

Il existe des appareils, tels que le système *Caraman*, où la rivure est faite en même temps que le dudgeonnage, par un galet spécial porté par l'appareil.

Quelques appareils de ce genre n'ont pour but que de forcer le tube contre la paroi du trou de la plaque ; mais il en est d'autres, munis de trois séries de galets, qui opèrent en une seule passe : le laminage, le renflement intérieur et l'évasement de chaque extrémité du tube.

La broche conique est attirée automatiquement dans le trou central et les galets extrêmes ont des formes appropriées au travail qu'ils sont chargés de faire : billes sphériques, galets coniques ou à profil spécial, et sont en acier trempé ; afin que l'outil puisse servir pour des épaisseurs différentes de plaques tubulaires, on dispose de plusieurs jeux de galets ayant des renflements convenant aux diverses combinaisons qui peuvent se présenter.

Dans un dernier mode d'assemblage, enfin, le tube est vissé à tête ; la tôle doit alors être plus épaisse et les tubes plus forts ; on met deux écrous à chaque extrémité ; mais on ne doit pas employer ce procédé pour les tubages exposés directement au feu.

Tubes Field. — Cette chaudière forme une sorte de transition entre les tubes où circule la fumée et ceux que, au contraire, l'eau et la vapeur remplissent ; la première invention consistait (fig. 539) en un tube fermé par un bout autour duquel agissaient les gaz, avec un second tube intérieur d'amenée d'eau ; celui-ci n'avait aucune saillie sur le tube extérieur, où s'opérait la vaporisation ; la circulation des fluides s'effectuait d'ailleurs mal ou d'une manière tumultueuse.

Puis Field surmonta (fig. 540) le tuyau central d'un entonnoir pour séparer convenablement les courants d'eau descendant par le centre et de vapeur s'élevant tout autour ;

certains constructeurs se contentent encore de remplacer l'entonnoir par un simple prolongement du tube intérieur.

On conçoit que ces tubes occupent une position verticale, tels qu'ils sont constitués ; mais, bientôt on leur donna une légère inclinaison et on les disposa selon la figure 541 ; à l'avant, les tubes étaient reliés à un collecteur en fonte malléable formé de deux compartiments : l'un pour l'eau, l'autre pour la vapeur, et c'est par cet agencement que le système procède des chaudières à fumée, telles que nous les avons décrites ci-dessus, et des tubes à eau, que nous examinons plus loin.

Le tube était, à ses deux extrémités, terminé par des cônes qui s'emmanchaient dans des pièces de fonte ; un long boulon traversait le tube central dans toute sa longueur et assurait ainsi le joint ; l'inconvénient de ce mode d'assemblage résultait des inégales dilatations du tube extérieur exposé au feu et du boulon central, noyé dans l'eau.

D'autres constructeurs ont remplacé (fig. 542) la fonte malléable en quoi sont faits les compartiments où débouchent les tubes à l'avant, par de la tôle forgée, partagée en deux compartiments par une cloison médiane en tôle ; le tube de vapeur est simplement fixé dans la paroi postérieure du caisson à l'aide d'un emmanchement conique. On donne de la sorte, aux colonnes d'eau et de vapeur entrant et sortant des tubes, toute la section désirable.

La chaudière *Niclausse* (fig. 543) est une variante de la précédente ; mais les collecteurs sont en fonte malléable et le tube central est prolongé par une pièce d'acier coulé pour aller s'assembler sur la face avant.

Dans la chaudière *Montupet*, le caisson unique est en tôle forgée (fig. 544) et partagé en deux compartiments par une cloison médiane ; le tube de vapeur est fortement refoulé à son extrémité avant et, par les parties coniques tournées à cette extrémité, fait joint dans la cloison médiane et dans la plaque arrière du caisson. Le tube se trouve ainsi constamment appuyé et serré sur son joint par la pression même de la vapeur ; il n'y a pas de joint dans la plaque avant, ce qui évite toute fuite de ce côté. Le joint est fait dans la cloison médiane, c'est-à-dire dans un milieu enveloppé d'eau et où les fuites sont sans importance : enfin, aucune projection des tubes à l'avant n'est à redouter.

Les tubes vaporisateurs, inclinés à 15 degrés, sont fixés ainsi que la figure 544 en donne le détail.

On voit, à l'intérieur du tube de vapeur, le petit tube de circulation d'eau maintenu au droit de la cloison par un entonnoir de fonte malléable reposant sur le tube de vapeur ; ce tube reste bien concentrique avec le tube de vapeur grâce à de légers colliers en tôle de 1 millimètre d'épaisseur.

La disposition des caissons donne au dégagement de vapeur toute la section désirable et empêche ainsi les cantonnements de vapeur dans les tubes inférieurs.

Le démontage des tubes est simple, grâce à leur construction en une seule pièce ; et d'abord, pour les mettre en place (fig. 545), des trous sont prévus dans la plaque avant du coffre ; selon les cas, on les ferme par des tampons autoclaves ou par des bouchons vissés qui permettent de les visiter en place et de les nettoyer en ouvrant ces tampons.

Pour sortir les tubes, on enlève les tampons avant et les tubes de circulation du centre, et on n'a plus qu'à les tirer en avant, conformément à la figure 546.

Afin que ces tubes restent bien étanches, même en marche forcée, on en calibre l'extrémité sur une pièce en acier trempé rectifiée qui porte un trou ayant les cônes rigoureux de ceux de la cloison et de la plaque arrière ; chaque tube est placé dans cette pièce en appliquant le bourrelet saillant contre la face plane, et on agrandit ensuite légèrement les deux bagues avec un outil à mandriner jusqu'à ce qu'elles viennent s'appliquer contre les parois intérieures du trou. Toutes les bagues ont ainsi rigoureusement le même cône.

Tubes à eau. — A l'inverse des chaudières tubulaires, ces chaudières, à l'exemple de la disposition *Belleville*, se composent d'une série de tubes en U où l'eau circule à l'intérieur; ils sont ordinairement en plusieurs pièces et, par la partie inférieure, communiquent avec un générateur commun; l'eau est lancée par une pompe; les tubulures mettent en rapport un tube supérieur avec un tube inférieur; la vapeur se rend dans un collecteur placé en haut; le tout est logé dans un fourneau et même, souvent, dans une enveloppe métallique; on force, par des plaques de tôle, les gaz à suivre des méandres.

On leur reproche de manquer de stabilité dans l'émission, à cause du faible volume d'eau qu'elles contiennent; elles ont besoin d'une surveillance incessante; l'alimentation et la combustion doivent être permanentes; il y a un entraînement d'eau assez important. Comme elles fonctionnent à de très hautes pressions, les incrustations sont à surveiller de près.

La chaudière *de Naeyer*, et les analogues, ont pour caractéristique un faisceau tubulaire rempli d'eau et dont les tubes s'assemblent deux par deux (fig. 547) en éléments; chaque élément incliné est alimenté d'eau par un collecteur ou sommier vertical régnant de haut en bas; l'évacuation de la vapeur s'effectue par un collecteur semblable placé sur l'autre façade.

Des chicanes parallèles forcent les gaz à se répandre sur toute la surface des tubes et à y développer la vapeur; celle-ci suit l'inclinaison du tube, pénètre dans le collecteur et de là dans le réservoir supérieur tandis que, par une circulation inverse, l'eau descend du réservoir et se répartit également dans tout le faisceau tubulaire ; cette circulation est donc constante ; l'eau vaporisée d'un côté est remplacée immédiatement par l'afflux d'eau d'alimentation.

En résumé, chaque tube forme un petit générateur où il ne produit pour ainsi dire pas d'entraînement d'eau en raison du parallélisme des ondes ; la vapeur est sèche. Malgré le timbre élevé qu'elles peuvent supporter, 15 kilogrammes et plus, on donne à ces chaudières le nom d'inexplosibles parce qu'en cas où, pour une cause quelconque, un tube vient à céder ou à fuir, il se brûlerait étant vidé presque aussitôt ; mais alors le feu serait immédiatement éteint et il n'y aurait pas d'explosion proprement dite ; il ne produirait qu'un refoulement plus ou moins considérable d'un mélange de gaz chauds et de vapeurs.

CHAPITRE VIII

APPAREILS DE SURETÉ ET D'OBSERVATION (1)

Il est indispensable de contrôler exactement tout ce qui se passe dans une chaudière qui forme un récipient clos de tous côtés et où les conditions de bonne marche doivent être attentivement suivies ; on peut donc classer par ordre d'importance ces appareils en vue des points suivants :

1° Volume d'eau : *niveaux d'eau ;*

2° Surveillance de la pression : *manomètres ;*

3° Alimentation d'eau : *pompes, injecteurs et bouteilles ;*

4° Tension maximà : *soupapes de sûreté ;*

5° Échappement de vapeur : *valves ;*

6° Atténuation des incrustations : *divers.*

Niveau d'eau. — Au moyen de ces appareils, on constate à chaque instant si la surface de liquide se maintient entre des limites convenables tant sous le rapport de la sécurité qu'à celui de la continuité du service ; ce niveau doit être réglé à environ 0 m. 10 de la surface ou des points

(1) La Planche VII contient les figures 548 à 553.

supérieurs des carneaux ou des parties exposées à la chaleur et, en outre, il ne doit pas s'élever trop haut, car il diminue la capacité où s'emmagasine la vapeur formée et serait ainsi la cause d'un entraînement d'eau nuisible.

Les divers systèmes d'indicateurs se décomposent en niveaux à tube de cristal, niveaux à flotteur, à sifflet, à robinet, etc. ; le premier est réglementaire ; il consiste en un tube maintenu entre deux tubulures à robinets plus ou moins perfectionnés dont l'une correspond au liquide et l'autre à la vapeur, faisant, de la sorte, fonction de vase communiquant (fig. 548).

Le décret de 1880 en prescrit deux qui soient indépendants; mais on prend, en outre, la précaution d'installer des robinets de jauge par lesquels il est possible de vérifier les indications des niveaux de cristal.

Comme les ruptures de tubes sont fréquentes, il existe plusieurs systèmes de monture pour éviter les jets d'eau et de vapeur qui en sont la suite ; tantôt c'est une sphère qui intercepte automatiquement la sortie des fluides et permet de tourner les robinets de commande sans craindre de se brûler (fig. 549); tantôt le tube est enfermé dans une gaine portant une glace solidement enchâssée et faisant joint; l'eau, la vapeur et les éclats de verre ne peuvent ainsi, en cas de rupture, être projetés hors de cette gaine.

De toutes façons, il est bon d'entourer le niveau d'un protecteur, même rudimentaire, tel qu'un treillis métallique.

Les robinets-jauge sont au nombre de trois, posés : celui du milieu au niveau normal et les autres à 0 m. 10 de lui, haut et bas ; on réunit leurs extrémités par un même tuyau débouchant vers le parquet de la chaufferie et c'est là que l'on constate si c'est de l'eau, de la vapeur ou un mélange qui s'échappent de chacun d'eux.

Les appareils à flotteur sont constitués, en principe, par

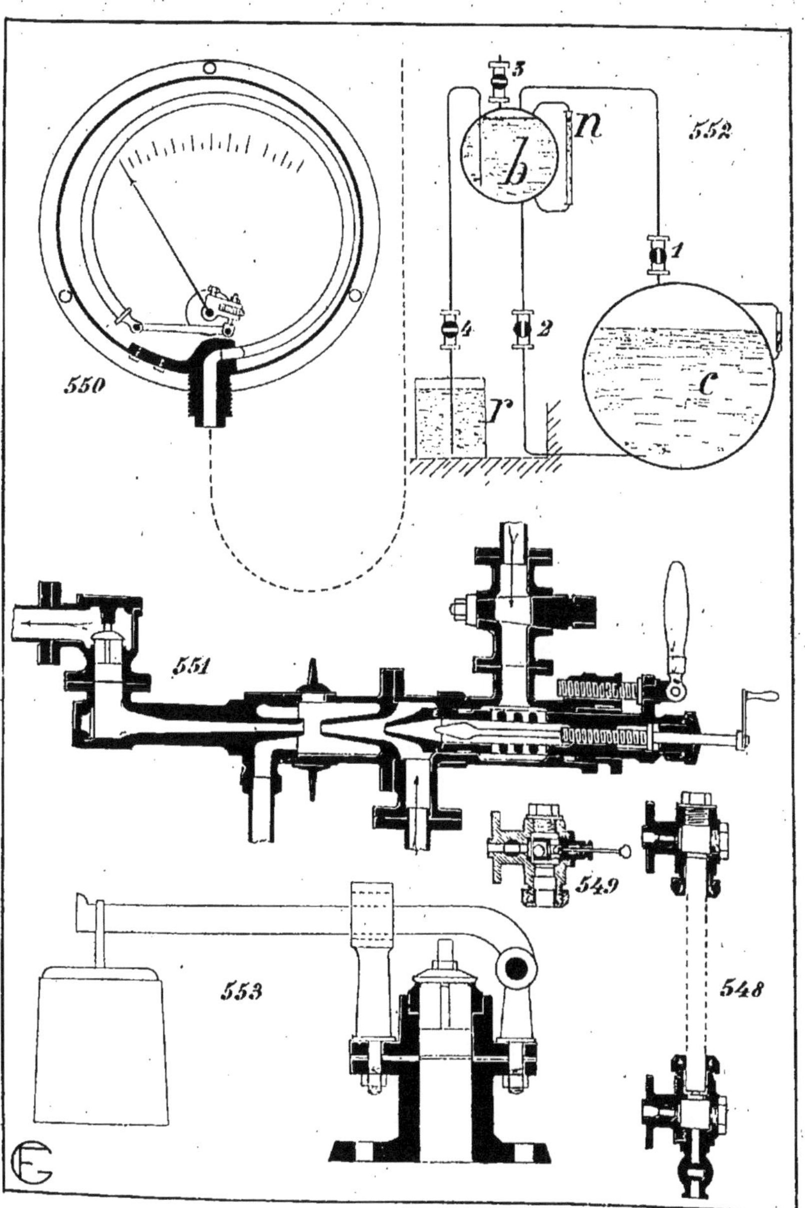

Planche VII. (Fig. 548 à 553.)

un corps suspendu à la surface de l'eau et dont les oscillations se communiquent, au dehors, à un cadran ou à tout autre indicateur ; nous n'entrerons pas dans beaucoup de détails à ce sujet, disant seulement qu'on les équilibre, la plupart du temps, par des contrepoids pour laisser toute son action au flotteur, et qu'ils sont montés, de préférence, conjointement à des sifflets avertisseurs et même à des soupapes de sûreté, de façon à profiter de l'ouverture qui leur est nécessaire sur le corps de la chaudière, afin de percer moins de trous.

Une condition indispensable à la bonne marche de ces appareils est de pouvoir se vérifier facilement; si le presse-étoupe est trop serré, la tige casse et le flotteur cesse ses indications ; on s'en assure en faisant siffler et en remarquant si l'aiguille revient d'elle-même en position.

Le plus apprécié de tous est l'indicateur magnétique qui n'est pas, comme le niveau à tube de verre, susceptible de s'obstruer ou de se brouiller ; aussi le voit-on très souvent monté concurremment avec le niveau réglementaire sur lequel il a encore l'avantage d'avertir par les sons différents qu'il produit grâce à deux sifflets faisant partie de la boîte.

Manomètre. — C'est sur le manomètre que se guide le chauffeur pour régler la pression par l'allure plus ou moins vive des feux ; autrefois, avec des chaudières à basse pression, on se servait de manomètres à air libre, fort encombrants, puis de manomètres à air comprimé où les divisions, de plus en plus rapprochées, devenaient invisibles.

Aujourd'hui on ne trouve presque exclusivement que les manomètres dérivés du système Bourdon ; tous sont basés sur l'élasticité des métaux et se graduent par comparaison avec un manomètre étalon à air libre ; le manomètre métallique Bourdon se compose (fig. 550) d'une boîte contenant le mécanisme ; une tubulure fixée sur cette boîte communique avec la chaudière, par un tuyau muni d'un robinet, par une extrémité, tandis que de l'autre bout elle porte un tube fermé et à section plate.

L'extrémité de ce tube lui-même est reliée à un mécanisme mis en mouvement par ses dilatations ou ses contractions qui se produisent sous l'influence de la pression; ordinairement on prévoit un moyen de réglage; les variations sont finalement traduites par les déplacements d'une aiguille devant un cadran ou une portion de cadran divisé.

Il est indispensable que le tuyau qui relie le manomètre à la chaudière soit courbé en V; l'eau se condense dans cette partie relativement froide et c'est elle qui remplit la capacité intérieure du tube; sinon on risquerait de mettre le tube en contact avec la vapeur dont la température est assez élevée; non seulement l'élasticité du ressort en serait altérée, mais les indications du manomètre deviendraient fausses.

Nous verrons par la suite qu'il existe aussi des indicateurs du vide; pour ne pas avoir à revenir sur leur description, nous dirons ici qu'ils ne diffèrent de l'appareil précédent que par l'enroulement du tube et par la graduation.

Appareils d'alimentation. — Il existe trois manières d'introduire l'eau dans la chaudière; la plus ancienne consistait dans l'emploi d'une pompe, dont les clapets doivent être faciles à visiter et à nettoyer; la pompe exige un moteur et, s'il n'existe pas, on est obligé de se servir d'un *petit cheval* indépendant; d'ailleurs, aujourd'hui, pour des appareils puissants, on abandonne de plus en plus les pompes alimentaires mues par la machine elle-même.

Tel est le cheval alimentaire Belleville, qui est automatique et combiné pour accompagner la chaudière de ce type; il est disposé de telle façon que son allure est réglée par le refoulement ; sa vitesse varie avec le volume d'eau envoyé aux chaudières, mais l'appareil ne stoppe pas de lui-même ; il travaille à vide, grâce à une communication directe entre le refoulement et l'aspiration.

Quel que soit le système de pompe adopté, l'aspiration doit être courte ; quand le refoulement se fait par des conduites d'une certaine longueur, il est bon de placer des réservoirs d'air sur leur parcours pour amortir les coups de bélier.

Un deuxième moyen pour envoyer l'eau à la chaudière est l'*injecteur Giffard*, qui n'emprunte pas l'intermédiaire d'un moteur ; il se compose d'une série d'ajutages coniques (fig. 551) dans l'intervalle desquels débouchent diverses tubulures ; on peut obturer l'ouverture du premier par une sorte d'aiguille afin de régler l'appareil ; l'aiguille se manœuvre du dehors par une manivelle et une vis ; tout autour de l'ajutage est un espace annulaire où, lorsque la vapeur passe, l'eau est aspirée et le mélange est lancé dans la chaudière. On règle aussi la section du passage de l'eau en approchant ou en écartant les tubulures ; une soupape empêche l'eau de la chaudière de revenir dans l'injecteur.

Il y a un repère, variable avec la pression de la chaudière ; on y place le cylindre mobile ; on ouvre les deux robinets d'arrivée d'eau et de purge, puis le robinet de la chaudière et enfin le robinet de prise de vapeur ; en tournant la vis de l'aiguille, on amorce à ce moment l'injecteur et de l'air puis de l'eau sont évacués par la purge ; il n'y a alors qu'à tourner l'aiguille en grand et promptement tout en fermant la purge ; on est certain que l'alimentation a lieu convenablement si l'on perçoit le sifflement spécial à ces appareils.

Avec la *bouteille alimentaire*, on possède un troisième procédé d'introduire l'eau dans la chaudière ; elle peut être plus ou moins perfectionnée et les tuyauteries qui la font communiquer à l'appareil évaporatoire, aux réservoirs d'eau ou à l'air libre étudiées en vue de certains besoins ; mais le principe sur lequel elle est basée reste le même : installer, au-dessus de la chaudière, un récipient susceptible d'être soumis à la même pression que celle-ci, de façon que le liquide s'écoule par différence des niveaux.

Le cas le plus simple est celui dont le schéma (fig. 552) montre le fonctionnement que l'on simplifie encore par des robinets doubles de manœuvre reliés par tringles et manettes ; la chaudière C étant en pression, on envoie de la vapeur dans la bouteille B par le robinet 1 en tenant fermés les robinets 2 et 4 ; puis, lorsqu'on s'aperçoit que tout l'air de la bouteille a été chassé par la buée qui commence à sortir par 3, on ferme celui-ci et on laisse la pression s'établir dans B ; ensuite on ferme 1 : la vapeur va se condenser et le vide se fera dans la bouteille.

A ce moment on ouvre 4 ; la pression atmosphérique, agissant sur le réservoir d'eau R qui est à air libre, va faire monter le liquide de R dans B et on vérifiera le volume admis par un niveau d'eau latéral N ; on ferme alors le robinet 4. Dès cet instant la bouteille est prête pour l'alimentation qui fonctionne de la façon suivante : en ouvrant 1, on met la bouteille en pression ; puis en ouvrant 2, on introduit une certaine quantité d'eau dans C par le simple écoulement sous pression constante jusqu'à ce que le niveau dans la chaudière atteigne le niveau normal. Il ne reste plus qu'à fermer 1 et 2 et la bouteille est disposée pour recommencer des évolutions semblables.

Il faut placer la bouteille dans le voisinage du générateur et à une hauteur de 2 mètres à 2 m. 50 au-dessus du niveau d'eau ; on prend la précaution de disposer, sur le tuyau 2, un clapet qui empêche l'eau de la chaudière de remonter accidentellement dans la bouteille.

Quelquefois cet appareil est utilisé comme régulateur du

niveau de la chaudière ; pour cela, au lieu d'arrêter le tuyau 1 à la surface métallique de celle-ci, on le prolonge jusqu'à hauteur du niveau officiel et on laisse tout simplement ouverts les robinets 1 et 2 ; lorsque le niveau, descendant dans la chaudière, découvre l'extrémité de 1, la vapeur s'introduit immédiatement dans la bouteille et, l'équilibre étant rompu, une certaine quantité d'eau est introduite par 2 jusqu'à ce que l'orifice de 1 soit de nouveau en contact avec la surface du liquide de la chaudière.

La contenance de la bouteille doit correspondre environ à la consommation d'eau pour une heure de marche ; cette bouteille alimentaire peut, d'ailleurs, être approvisionnée par les eaux chaudes qui se recueillent dans des industries variées et constituent une économie de combustible ; dans ce but on en installe souvent deux côte à côte, de façon à ce que les dépôts de matières grasses ou des eaux chargées se produisent dans l'une d'elles qui, en ce cas, sert d'alimentateur de secours. Enfin, dans ce système, malgré l'encombrement qu'il entraîne et les fausses manœuvres de clés auquel il est sujet, les incrustations ont principalement lieu dans la bouteille et non dans la chaudière ; il est dès lors plus facile de s'en débarrasser par un trou d'homme prévu à la bouteille.

Cela a conduit à installer des réchauffeurs d'alimentation et des alimentateurs automatiques ; il faut, dans ces appareils, visiter souvent les parties où se forment les sédiments afin d'éviter des corrosions qui sont la suite des piquages plus fréquents et de l'attaque des tôles par les corps ou les gaz contenus dans l'eau d'arrivée.

Soupapes de sûreté. — Le décret de 1880, qui règle l'installation des chaudières, prescrit de disposer *deux soupapes de sûreté, chargées de manière à laisser la vapeur s'écouler dès que sa pression effective atteint la* *limite maximum indiquée par le timbre réglementaire.*

Les soupapes de sûreté ont donc pour but d'empêcher la pression de dépasser une limite fixe et doivent satisfaire aux deux conditions : 1° se soulever aussitôt que la vapeur a atteint la pression limite indiquée par un chiffre très apparent ; 2° leur section doit donner issue à toute la vapeur qui peut se produire avec un feu intense.

Elles sont ordinairement fixées sur une colonne en fonte boulonnée sur la chaudière (fig. 553) afin de dépasser un peu la maçonnerie ; on y rapporte un siège en bronze pour une soupape à ailettes ; au-dessus de la surface d'appui, la tête a la forme d'un écrou ; à l'intérieur, le fond est conique pour recevoir le bout d'un pointeau dont l'autre extrémité agit sur un levier maintenu par un contrepoids. On calcule ce contrepoids en conséquence.

Une condition indispensable est de faire le siège très étroit, cela évite que la vapeur puisse s'introduire sur une surface de pression trop grande et, de plus, avec une telle surface, lorsque la vapeur s'échappe il y a d'abord détente, la pression baisse même au-dessous de la pression atmosphérique et la soupape aurait tendance à retomber sur son siège ; il y aurait des intermittences de soulèvement et d'abaissement, ce qui n'arrive pas quand le siège est étroit.

On réunit généralement les deux soupapes réglementaires sur une même boîte en bronze ou en fonte fixée sur la chaudière par une bride ; certaines sont guidées soit en dessous, soit au-dessus; parmi les plus intéressantes, nous citerons encore la *soupape Dulac* qui n'est pas un simple avertisseur tel que les soupapes ordinaires où il y a toujours perte inutile de vapeur, mais c'est un véritable robinet de décharge automatique qui ne se soulève que pour maintenir la pression entre deux limites très voisines de celle qui doit exister, à peu près un tiers de kilogramme.

Cette soupape (fig. 554-555) est caractérisée par son compensateur, le mode d'articulation du levier et le guidage du clapet; le compensateur est formé d'un tronc de cône métallique léger qui surmonte le clapet et d'un ajutage qui prolonge le siège en enveloppant le tronc de cône sur une partie de sa hauteur et en formant entre les deux organes un espace annulaire suffisant pour l'écoulement

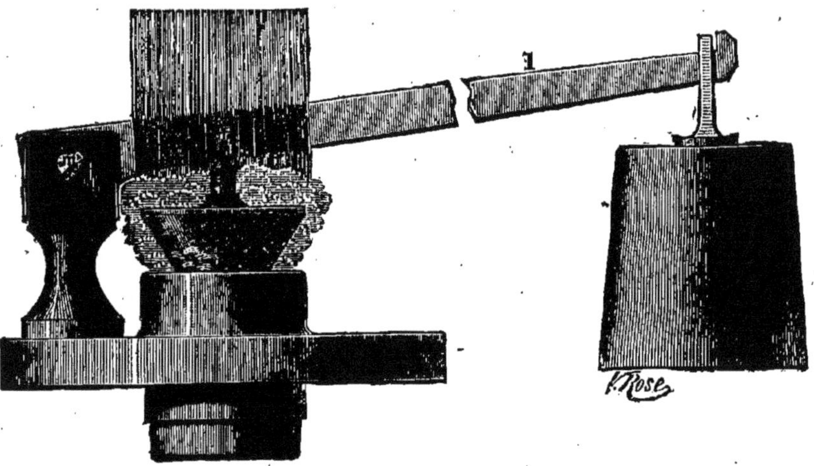

Fig. 554.

de la vapeur. Le pointeau passe librement à l'intérieur et reporte sur la soupape l'effort du contrepoids.

Quand la pression de la vapeur est supérieure à la charge, le clapet se soulève ; la veine fluide, en s'écoulant dans l'atmosphère, éprouve une perte de pression dont l'influence se fait sentir sous le clapet de la soupape ; mais cette vapeur, en s'échappant par l'espace annulaire compris entre l'ajutage et le tronc de cône, produit une action mécanique qui aide au soulèvement du clapet en compensant exactement la perte de charge qu'éprouve la vapeur brusquement détendue.

L'action de cette vapeur est divergente ; elle n'agit pas par chocs, mais bien par pression sur des surfaces de plus en plus développées ; c'est l'unique moyen d'obtenir l'équilibre constant des forces, de limiter le soulèvement du clapet à la hauteur rigoureusement nécessaire pour éviter

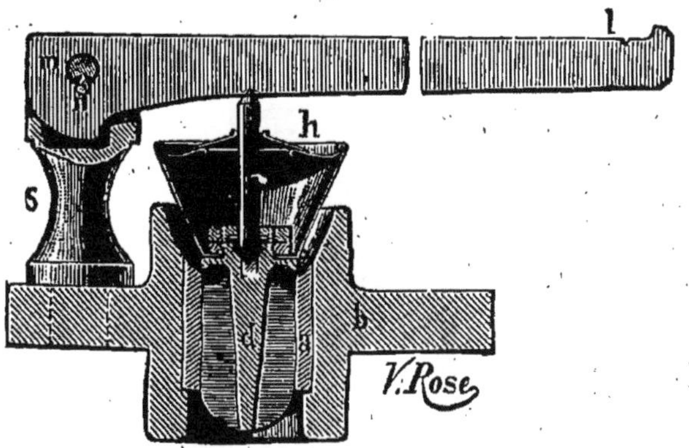

Fig. 555.

toute surpression dangereuse et toute perte inutile de vapeur.

Valves. — *Chaque chaudière est munie d'une soupape ou d'un robinet d'arrêt de vapeur, placé, autant que possible, à l'origine du tuyau de conduite de vapeur, sur la chaudière même. (Décret de 1880.)*

Le but de cette soupape, dénommée quelquefois *registre*, est de commander l'introduction de la vapeur dans la première tuyauterie, rejoignant la chaudière au tiroir de la machine ; afin que la manœuvre en soit plus commode, il est préférable de faire usage de registres dont les soupapes soient bien équilibrées. Il en existe bien des modèles parmi lesquels nous choisirons les plus simples (1) ;

(1) Documents du Ministère de la marine.

l'un d'eux (fig. 556) est constitué par une boîte généralement en bronze *a*, interposée entre deux tubulures *b*, ayant le même axe ; au milieu de la distance de leurs brides, les tubulures s'arrêtent à des plans soigneusement dressés *c*.

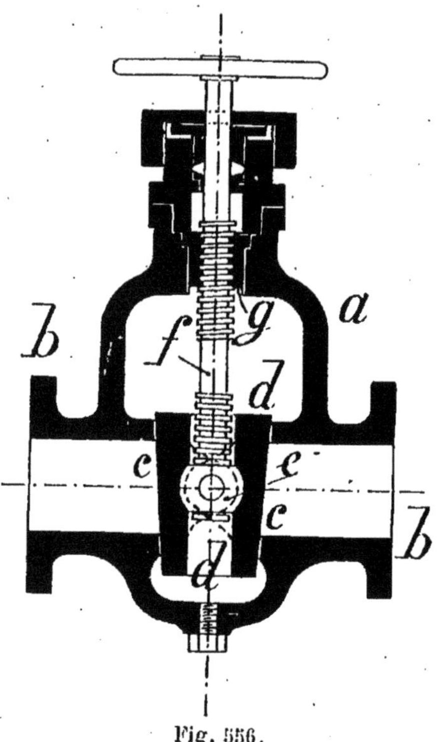

Fig. 556.

Ces plans servent de siège à des patins *d*, portant des oreilles dans lesquelles passe le tourillon et un écrou sphérique *e* ; ce dernier engrène avec une tige *f* munie de filets de vis de sens différents; les filets supérieurs peuvent s'engager dans l'écrou fixe *g* du presse-étoupes, et le mouvement est donné par un petit volant qui couronne le tout ;

par ce dispositif, la fermeture ou l'ouverture ont lieu avec une vitesse double de celle qui existerait avec un seul filet; car, en même temps que la vanne *d* procède du mouvement général d'ascension, par exemple, en raison de la

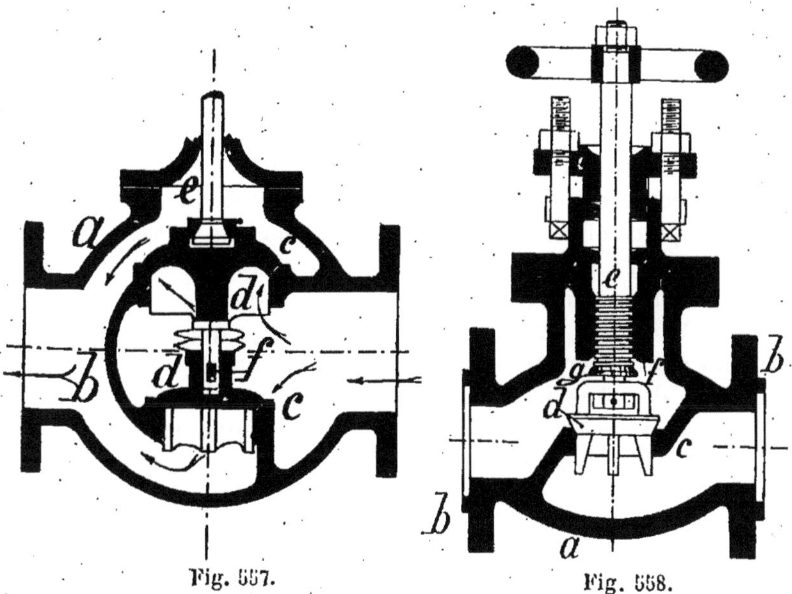

Fig. 557. Fig. 558.

fixité de l'écrou supérieur *g*, les filets de vis inférieurs sollicitent dans la même direction l'écrou *e* et par conséquent les autres portions de disque.

Un autre registre (fig. 557) se compose d'une boîte *a*, munie des tubulures d'entrée et de sortie; le cheminement de la vapeur est indiqué par des flèches; la cloison de séparation *b* est fondue avec les deux sièges *c*; leurs deux soupapes *d* sont montées sur une même tige *e*, mais, grâce à une clavette *f* qui peut jouer dans son emmanchement, et à la présence de ressorts d'écartement, un certain jeu est possible, jeu d'ailleurs nécessaire pour que les soupapes s'appliquent bien sur leurs sièges, indépendamment l'une de l'autre ou de la dilatation de la boîte *a*.

Il est bon de monter sur la tige un index pour indiquer le degré d'ouverture, en convenant, par exemple, que le 0 correspondra à la position de fermeture et un chiffre plus élevé à celle d'ouverture en grand.

Une soupape assez simple, qui comporte de nombreuses variétés, est la soupape sphérique, du nom de la forme de la boîte *a*; celle-ci est munie (fig. 558) de deux tubulures *b* dont les axes sont en prolongement l'un de l'autre, séparées par une cloison *c* percée d'un trou qu'obture une soupape *d* reliée à une tige filetée *e*. La tige se visse dans un écrou *f*, venant de fonte avec le chapeau supérieur et au-dessus duquel est ménagé un presse-étoupes avec boulons à tête en T. Ce modèle a l'avantage que la garniture peut se réparer en marche et sous pression, grâce à la présence du cône inférieur *g* de la tige *e* qui peut être hermétiquement appliqué dans un logement correspondant de l'écrou *f*. Il faut veiller à ce que les sections d'entrée et de sortie soient plus grandes que celles de la soupape et sans étranglement, et que le clapet ait une certaine mobilité verticale sur sa tige. Les robinets à soupape peuvent être munis de volants à chaîne permettant leur manœuvre à distance.

Incrustations. — L'eau ordinaire contient toujours des sels en dissolution ou des matières en suspension; par l'évaporation, ces sels et ces matières se précipitent et forment des dépôts plus ou moins adhérents sur les parois métalliques; il faudrait donc toujours se rendre compte de la nature des eaux qui a une influence considérable sur la marche des chaudières. On empêche les incrustations de plusieurs façons, soit en employant de l'eau pure ou bouillie;

soit en précipitant le dépôt à l'état de boue qu'on élimine par lavage ou extraction ; soit en localisant les incrustations.

Dans certaines usines, on recueille l'eau de pluie des toits dans de grandes citernes qui doivent être d'une contenance suffisante pour un mois ou deux ; le fond du réservoir est assez éloigné de la prise d'eau pour que les poussières des couvertures s'y rassemblent sans crainte d'être aspirées.

Un autre procédé est de condenser la vapeur ; mais ici se passe un autre phénomène qui tient à la présence des huiles et graisses entraînées, en même temps que la vapeur, dans le condenseur, et même on a constaté que l'eau absolument pure arrivait assez promptement à corroder les tôles. Les matières lubrifiantes, à leur arrivée dans la chaudière, forment une couche onctueuse qui, après avoir flotté à la surface, tombe au fond en empêchant absolument le contact de l'eau et du métal qui se surchauffe alors.

Le mieux est de purifier l'eau ordinaire avant son introduction au générateur et il existe divers systèmes d'épurateurs chimiques dans le détail desquels nous n'entrerons pas; on ne doit, en principe, employer que celui qui convient à la nature des eaux que l'on a à sa disposition. Cela a d'autant plus d'intérêt avec les chaudières multitubulaires que la vaporisation intense à laquelle elles sont soumises est souvent la cause d'entraînement de dépôts, par la vapeur même, vers la boîte à tiroir et parfois les cylindres.

Par le deuxième procédé de précipitation, on ajoute à l'eau certaines matières dites désincrustantes; elles agissent ou physiquement ou chimiquement; dans le premier cas, elles s'interposent simplement entre les cristaux.

On s'est servi de l'argile, qui est lourde, se précipite et a tous les dangers des incrustations; on a employé aussi l'amidon, la dextrine qui développent des mousses susceptibles d'être entraînées. Les bois de teinture semblent donner de bons résultats lorsqu'on ne les introduit pas en copeaux, car ils pourraient s'accumuler en un point et présenter les inconvénients des incrustations. Il est préférable d'ajouter des liquides contenant les réactifs en dissolution, tels que la composition suivante :

Eau	400 k.
Campêche en dissolution.	60 k.
Oseille.	60 k.
Carbonate de soude.	4 k.

On la réduit par ébullition avant emploi.

Pour localiser les dépôts, il existe plusieurs procédés ; le plus simple est de disposer une tôle mobile à quelque distance de la paroi intérieure de la chaudière ; un courant violent s'établit dans l'intervalle formé et empêche l'incrustation.

Bien que les *extractions* soient le motif d'une perte notable de chaleur, c'est encore le plus sûr moyen d'atténuer les dépôts ; elles ont pour effet d'enlever une certaine quantité d'eau à la température de la chaudière, et prise aux endroits de plus grande précipitation, pour la remplacer par de l'eau pure ; on retarde ainsi la saturation par les sels. On peut les faire d'une manière continue.

Accidents des chaudières. — Ils se traduisent par des fuites qui se manifestent en divers points ; le plus fréquemment c'est aux rivets que l'on constate un suintement léger ; il suffit alors, la plupart du temps, de les mater à nouveau. Quand elles ont lieu au coup de feu, au-dessus du foyer, on peut remplacer la partie altérée en rapportant une pièce elliptique à l'intérieur du générateur, afin que la pression applique les tôles l'une contre l'autre.

Lorsqu'il se fait des criques dans les parties non exposées au feu, on perce la tôle et on y place un rivet; mais si la crique présente une certaine longueur, on met des goujons à la suite les uns des autres et de façon à ce qu'ils mordent l'un dans l'autre, par taraudages et filetages successifs; on mate ensuite pour remplir aussi bien que possible.

Assez souvent, les tubes fuient à leur jonction avec les plaques tubulaires; on peut ou bien les mater avec précaution pour ne pas ébranler ceux du voisinage, si la fuite est peu importante, ou bien les *tamponner*, c'est-à-dire les condamner. Pour exécuter ce travail dans les chaudières à tubes de fumée, il y a divers procédés. Le système représenté figure 559 consiste en un tampon métallique conique *a* se prolongeant par une tige cylindrique *b* avec anneau à son extrémité; cet anneau se jumelle avec un second anneau appartenant à une tige *c* filetée à son autre bout et dont la longueur est variable, selon les circonstances. La seconde tige *c* traverse le tampon de l'autre extrémité du tube *d* et se visse sur un écrou spécial *e* portant un couteau circulaire, qui vient mordre sur une rondelle de cuivre rouge *f*; l'étanchéité est assurée par la pénétration du couteau dans le cuivre.

Il est bon de monter ce dispositif de telle façon que l'écrou de serrage se trouve dans la boîte à fumée; cette réparation n'est pas toujours commode en marche; elle est même parfois impraticable lorsque la fuite est importante; dans ce cas, on jette bas les feux de chaudière avariée, afin de laisser tomber la pression; pour introduire le système dans la boîte à feu, l'ouvrier doit se couvrir de sacs mouillés.

Lorsque la fuite provient de la plaque de tête, on dispose (fig. 560) deux tampons *a* à section axiale en T faisant serrage sur la plaque *b* par l'intermédiaire d'une rondelle d'amiante engagée dans une gorge circulaire du tampon. L'opération pour aveugler la fuite par ce procédé est analogue à celle décrite ci-dessus.

Pour tamponner pendant le fonctionnement de l'appareil, il est préférable de faire usage des systèmes suivants (fig. 561 et 562) dits tampons à presse-étoupes ; on aveugle le tube *a* en écrasant des rondelles d'amiante *b* entre deux blocs métalliques tournés coniques qui les forçent, dans leur rapprochement, à s'appliquer, à l'inverse du presse-étoupes, contre la paroi intérieure du tube.

Les pièces intérieures butent contre un tube *c* qui rend invariable leur distance; des rondelles *d* de plus petit diamètre le font se placer exactement dans l'axe du premier au moyen d'une tige *e* passant dans ces rondelles, et qui est terminée par un écrou *f* disposé du côté accessible, avec un carré *g* pour maintenir lors du serrage. L'appareil complet est glissé dans le tube avarié et l'on serre l'écrou qui obstrue de la sorte complètement ce passage de fumée.

Quant aux tubes de chaudières dites à tubes d'eau, on est obligé d'adopter des tampons spéciaux pour chaque système, à cause de la diversité des dispositifs; nous ne décrirons donc que les principaux. Un premier moyen d'isoler les tubes en souffrance se fait avec des tampons coniques métalliques que la pression appuie automatiquement sur le contour du tube ; mais toutefois l'étanchéité absolue n'est pas ainsi complètement assurée et on préfère remédier à une avarie selon le mode de la figure 563; le tampon *a* est cintré d'un fort coup de pointeau recevant le bout effilé d'une vis *b* dont l'autre extrémité est munie d'un écrou *c*; celui-ci bute contre la porte de visite *d* du tube et on opère alors le serrage par les ouvertures analogues des tubes voisins. Il en est de même pour l'autre disposition (fig. 564), où l'on n'enlève pas le tube avarié; on voit que la vis peut, ici, se serrer de l'extérieur; dans les deux cas, il est bon

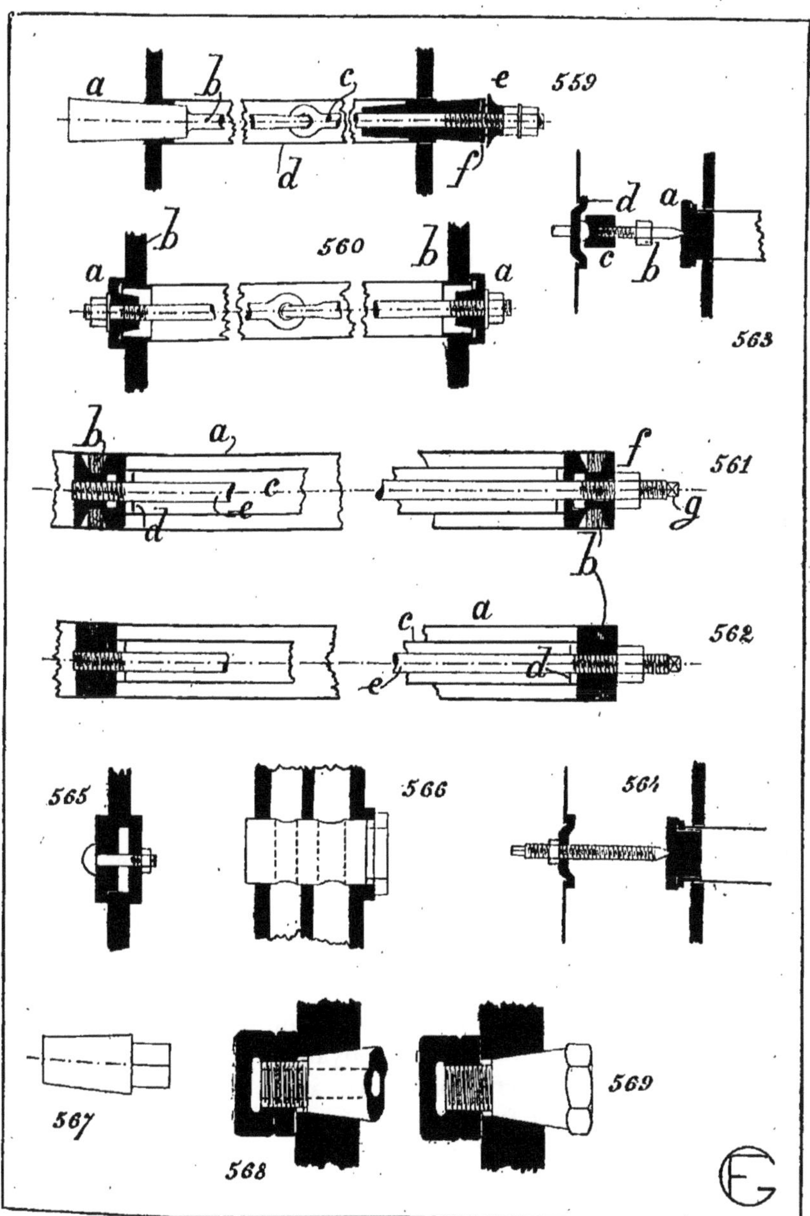

Planche VIII. (Fig. 559 à 569.)

d'interposer des rondelles d'amiante pour assurer l'étanchéité.

Cependant lorsqu'un tube est défectueux, il est la plupart du temps préférable de l'enlever si les circonstances le permettent; on le remplace alors par un autre; en effet, le tube tamponné n'est plus rafraîchi par l'eau, comme en marche courante, et il a toutes chances de s'avachir plus complètement encore.

Souvent on calfeutre simplement les orifices des plaques au moyen de pièces (fig. 565) d'un diamètre légèrement plus petit que celui des portes du générateur et qui se boulonnent sur la traverse.

Dans la chaudière Niclausse et analogues, il est vicieux en théorie de tamponner les tubes; néanmoins on fournit des tubes-tampons de peu de longueur en prévision des accidents; si on n'en a pas sous la main, on peut recourir à une pièce (fig. 566) que l'on confectionne alors soi-même; cette lanterne se termine par une partie filetée où monte un écrou qui l'appuie sur la plaque; cette réparation par un semblable obturateur doit avoir lieu quand on a vidé la chaudière.

Dans certaines chaudières à tubes filetés, on isole leurs tubes à l'aide de tampons à surface lisse et légèrement tronconiques (fig. 567); on les fait entrer en place en les forçant à prendre les empreintes des filets et on se sert pour cela d'une clé à rochet qui agit sur le carré d'extrémité agencé pour la rotation.

En d'autres cas, si le filetage du tube est encore assez vif, on tamponne le tube en employant (fig. 568) un écrou borgne, au lieu de l'écrou ordinaire; mais lorsque les filets sont rongés, il faut faire (fig. 569) un bouchon s'ajustant bien à la place du tube, avec une tête pour pouvoir visser dans l'alvéole.

Une réparation assez fréquente est de remplacer complètement un tube de fumée ou un tube d'eau ; elle est nécessaire lorsqu'on y a constaté une fuite sérieuse ou que l'on craint que l'usure puisse donner lieu à un point dangereux ; admettons qu'il s'agisse d'un tube dudgeonné et rivé. Il faut d'abord retirer le tube avarié, et pour cela on en enlève d'abord la bague au moyen d'un outil spécial ou, à défaut, on la fait sauter au burin ; puis on détache la rivure, en repoussant vers l'axe le métal du tube ; il faut éviter soigneusement toute détérioration à la plaque tubulaire faite avec l'outil qui coupe le tube ; le tube est retiré à l'aide d'un long boulon à griffe, par exemple.

Il arrive que les incrustations s'opposent plus ou moins à cette opération ; il faut donc d'abord les détacher en introduisant à l'intérieur une tige de fer chauffée au rouge.

On peut encore couper le tube au ras de la plaque de tête, à chaque bout, et le sortir par le trou d'homme. Ce moyen, plus expéditif que le précédent, est surtout employé quand on doit enlever plusieurs tubes à condition qu'on en puisse approcher par l'intérieur de la chaudière. Avec le bédane on enlève la partie restée dans le tronçon de tête et, si la plaque s'en trouve attaquée, on la sépare à la lime douce ; puis on prépare le tube neuf en le sciant à une longueur supplémentaire de 4 à 5 millimètres de chaque côté et il n'y a plus qu'à suivre les indications données précédemment à propos de la confection des chaudières neuves.

Une avarie à un tube d'eau est moins facile à constater qu'à un tube de fumée et l'on emploie souvent des appareils spéciaux permettant d'essayer les tubes séparément pour découvrir les fuites, mais dans la description desquels nous ne pouvons entrer ici. Dans les chaudières Belleville ou analogues, il faut, pour remplacer un tube, casser le joint de la boîte de raccord supérieure avec le collecteur épurateur et enlever les boulons de serrage ; puis enlever le boulon de jonction de la boîte de raccord inférieure avec le collecteur d'alimentation et démonter les bouchons des deux tubes supérieur et inférieur.

On introduit dans ces tubes de forts rondins en bois, solidement ligaturés l'un à l'autre par des cordages, de façon à faire de l'élément un ensemble rigide; puis sur le plan de grille, on établit un échafaudage de madriers portant un rail destiné à recevoir un chariot sommaire, sur lequel on fait reposer l'élément. On fait désemparer la boîte de raccord inférieure de son emmanchement conique et on relève le chariot avec des coins, jusqu'à ce qu'il vienne toucher les tubes inférieurs de l'élément.

On retire l'élément de la chaudière en agissant sur le tube inférieur avec un palan; lorsqu'il est à moitié sorti, on l'élingue à la partie supérieure et on l'amène sur le parquet. Quel que soit le tube à changer, avant de le démonter, on prend avec une jauge la distance exacte des boîtes de raccord avant et arrière du tube avarié; cette distance devra se retrouver entre les mêmes pièces après le remplacement du tube.

On enlève ensuite les rondelles en les dévissant si possible; sinon on les coupe au bédane; puis on saisit le tube avec une clé à ruban et on le visse dans une des boîtes de raccord jusqu'à ce que l'autre extrémité soit désemparée. L'élément se trouve ainsi séparé en deux parties et on retire le tube de la boîte dans laquelle on l'avait vissé. Le plus souvent, on est obligé de couper le tube pour le démonter.

Pour mettre le nouveau tube en place, il faut :

1° Repasser le taraud spécial dans les boîtes de raccord et la filière sur les filets du tube; visser à bloc, sur les extrémités du tube, les petites bagues destinées à assurer le joint;

2° Visser le tube dans l'une des boîtes de raccord jusqu'à

ce que la distance entre l'extrémité libre et la boîte soit égale à la jauge ; à ce moment, présenter l'autre boîte de raccord et y visser le tube ;

3° Visser les rondelles à bloc, en ayant soin d'interposer entre elles et les boîtes une mince bague d'amiante enduite d'une graisse spéciale.

Avant le remontage, il faut également enduire de cette graisse les filets des différentes pièces. Quand le tube est raccordé sur un bout d'attente, on introduit par le trou de visite de la boîte de raccord, à l'aide d'une spatule, une petite quantité de mastic composé de deux tiers de minium et un tiers de mastic Serbat ; avec cette pâte, on remplit la cavité qui existe entre le bout d'attente et le tube, à l'intérieur du manchon. Lorsque toutes ces opérations sont terminées, on remet l'élément en place avec le dispositif employé, lors du démontage.

Avec d'autres genres de générateurs, les chaudières Legrafel, par exemple, si le tube à changer est sur le pourtour du faisceau tubulaire, on le coupe au niveau des plaques de tôle ; puis on chasse les anneaux restants en les déformant au matoir. Mais si le tube est situé à l'intérieur du faisceau tubulaire, il n'est accessible que par son trou de visite et par ceux des tubes voisins ; dans ce cas, on fait une saignée longitudinale, à chaque bout du tube, avec un long bédane de forme appropriée ; puis au moyen d'un long matoir, on rétreint le tube en le déformant. On le sort par le trou du bouchon correspondant qui, à cet effet, est d'un diamètre supérieur à celui du tube.

Certains ateliers emploient avec avantage, pour retirer les tubes, un outil à lame qui les coupe net et sans bavures ; pour mettre le nouveau tube en place, on prend les précautions précédemment indiquées pour les chaudières, du point de vue de la propreté du tube et de la plaque de tête.

Dans les chaudières Normand ou du Temple, la recherche au tube avarié se fait de la façon suivante : les collecteurs étant ouverts, on bouche succesivement l'extrémité inférieure de chaque tube avec un bouchon de liège et on le remplit d'eau par le collecteur supérieur; les tubes où le niveau diminue sont percés et doivent, par conséquent, être remplacés.

Si le tube à changer se trouve dans une des rangées extrêmes, le démontage se fait facilement; mais, s'il est à l'intérieur du faisceau, il faut, au préalable, enlever tous les tubes qui gênent sa sortie afin de le démonter ensuite. On passe un rôdoir émerisé dans les cônes d'emmanchement et on monte le nouveau tube, après avoir garni les portages de pâte Belleville.

Si le tube de rechange n'a pas la forme voulue, on agit sur les coudes, de façon à faire présenter convenablement les extrémités sur les collecteurs.

Comme beaucoup de chaudières ressemblent aux types que nous avons pris comme exemples, on pourra presque toujours recourir à l'un des procédés ci-dessus décrits, sauf quelques détails, pour changer leurs tubes; pour les générateurs dérivés du type Field, on prévoit généralement un remplacement rapide des tubes avariés et, dès lors, la visite, le nettoyage ou la réparation sont des plus aisés.

Un accident trop fréquent des foyers à gros tube intérieur est la déformation par suite de l'abaissement du niveau du liquide ; si cette avarie est peu importante, on peut faire la réparation en chauffant la partie déformée et en ramenant le métal; comme cette partie a été affaiblie, on rapporte une cornière fixée par des barreaux et des rivets afin qu'il y ait une circulation active contre le métal de la chaudière et qu'il ne s'échauffe pas.

Explosions. — On donne ce nom à une fuite abondante et subite de la vapeur sous pression; c'est une projection de vapeur et d'eau à température relativement élevée, qui peut déterminer les plus graves accidents. Parfois, en fermant l'admission, la surpression qui résulte de cette sorte de coup de bélier agit sur les parties plus faibles de la chaudière et les disloque; d'où échappement tumultueux dans l'espace généralement réduit de la chambre de chauffe et ébouillantement et asphyxie des personnes présentes; il est extrêmement rare que ces accidents n'entraînent pas mort d'homme, par suite des brûlures internes.

Les explosions peuvent avoir plusieurs causes : par excès de pression ; si on chauffe une chaudière de manière à dépasser la tension limite, il arrive un moment où la résistance du métal n'est plus assez grande et il y a soulèvement de toute la chaudière, c'est-à-dire explosion. Cela ne devrait pas arriver cependant avec les soupapes de sûreté, dont la présence semble inspirer toute tranquillité; on a cependant constaté que les chauffeurs ont la mauvaise habitude, non seulement de ne pas les entretenir et de les vérifier de loin en loin, mais encore de les caler.

L'explosion peut avoir lieu aussi par affaiblissement de la chaudière ; son métal est oxydé et corrodé; alors il crève et il se produit une réaction qui soulève toute la chaudière; il est vrai qu'il est parfois assez difficile de visiter scrupuleusement toutes les parties d'une chaudière; cependant il faut les sonder à coups de marteau et, avec un peu d'habitude, on reconnaît, d'après le son, les endroits affaiblis à l'usage.

Il n'est d'ailleurs pas mauvais de faire, de temps en temps, un essai à la pompe, lequel est sans danger sous le rapport de l'explosion immédiate; il ne faut pourtant pas le répéter trop souvent, car en soumettant ainsi la chaudière à une résistance très grande, on la fatiguerait sans utilité. On doit remarquer ici que les gouttes d'eau qui tombent régulièrement des robinets non étanches, toujours au même endroit de la tôle, finissent inévitablement par la corroder.

Une cause d'explosion assez générale est l'abaissement du niveau d'eau ; dans ce cas, la vapeur et le métal sont surchauffés et la résistance de celui-ci, diminuant sans proportion avec la pression, ne suffit plus à vaincre la tension intérieure. Mais plus fréquemment encore on a constaté que cet accident d'explosion a lieu à la reprise du travail, car, tant qu'on ne prend pas de vapeur, l'ébullition reste calme bien que l'on ait une vapeur à température double environ de celle du liquide; mais si, dans ces conditions, on vient à ouvrir la valve de vapeur, il y a immédiatement une ébullition extrêmement tumultueuse ; l'eau sera mélangée à la vapeur qu'elle condense par une sorte de barbotage ; il s'ensuivra dès lors un vide et un abaissement de la température et de la pression de la vapeur, d'où un dégagement violent des bulles contenues dans l'eau et cela amène un soulèvement brusque du générateur, donc explosion.

Lorsque plusieurs chaudières sont installées à côté l'une de l'autre, parfois soumises à des pressions plus ou moins différentes et qu'elles sont alimentées par la même pompe, il est indispensable de placer des clapets de retenue afin qu'elles ne se vident pas l'une dans l'autre sous l'action de pressions différentes.

Assez souvent, on ne peut expliquer la cause des explosions malgré des enquêtes approfondies; tantôt on les a attribuées à des incrustations qui, se détachant, laissent en contact l'eau avec le métal rougi; cependant, en raison de l'état sphéroïdal qu'affecte le liquide à ce moment, il n'y a qu'un surplus de chaleur en quantité tout à fait négligeable.

On a attribué encore ces accidents au manque d'air dans l'eau, en particulier quand on se sert toujours de la même eau; on prétend que la vapeur éprouve de la difficulté à se dégager aussi librement et qu'une émission peut se produire brusquement. Certaines explosions ont été mises au compte des graisses surnageant ou se déposant et donnant parfois lieu à des mélanges explosifs.

Il est toutefois un accident qu'un chauffeur soigneux sait éviter : l'explosion dans les carneaux ; s'il couvre son feu, il y a distillation des gaz du charbon frais de la croûte ; puis si, à un moment donné, un jet de flamme se fait jour jusqu'à ce mélange détonant, l'inflammation repousse tout le volume des gaz chauds, tant vers les carneaux que par les portes d'avant et il s'ensuit que les personnes peuvent être atteintes ; le remède à cet accident est donc d'assurer tout au moins le tirage nécessaire.

Surchauffeurs. — Quand on ouvre le robinet de prise de vapeur, l'eau est soulevée et peut arriver jusqu'aux cylindres ; c'est ce que l'on nomme les entraînements d'eau ; la proportion de l'eau contenue dans la vapeur va jusqu'à 50 pour 100 et, malgré les précautions prises dans les anciennes chaudières, elle descendait rarement au-dessous de 5 pour 100.

Cette ébullition tumultueuse fait quelquefois découvrir une portion de la surface intérieure, car il se produit des soulèvements de 10 centimètres et davantage ; pour empêcher cela, on disposait des cylindres spéciaux de prise de vapeur, avec le tuyau aussi loin que possible de la surface. Quand on ne pouvait disposer que d'un simple tuyau, on le plaçait tout le long de la surface, assez haut, avec des traits de scie sur la génératrice supérieure.

Tous ces moyens n'empêchaient pas que la vapeur, en contact avec l'eau, ne constituât une *vapeur saturée*, susceptible, par conséquent, de se condenser au moindre contact d'une paroi plus froide.

Supposons, pour établir le principe des surchauffeurs, que, sous pression constante, nous chauffions cette vapeur ; l'eau, qu'elle contient en suspension et qui, pour le moindre écart de température, tend à former un brouillard, va s'évaporer et nous obtiendrons d'abord de la vapeur saturée sèche. Mais si, à partir de ce point, on continue à chauffer cette vapeur sèche quoique saturée, on va voir sa température s'élever, son volume augmenter et on aura de la sorte constitué la *vapeur surchauffée*, caractérisée en ce que sa température est plus élevée que celle de son point de saturation ; arrivée à cet état, elle est comparable aux gaz permanents dont elle a toutes les propriétés ; la différence réside simplement en ce que ces derniers sont très éloignés de leur point de saturation.

La chaudière ordinaire fournit, par conséquent, de la vapeur saturée qui, avant d'arriver au cylindre, traverse des tuyauteries plus ou moins longues, s'y condense en perdant une grande partie de son calorique et de ses qualités et enfin se détend pour produire le travail sur le piston. Tandis que si, au lieu d'envoyer de la vapeur humide, on surchauffe convenablement cette vapeur, non seulement elle atteindra le cylindre sans condensations dispendieuses, mais sa température, seule, aura baissé ; de plus il n'y a, pour ainsi dire, pas de limite à la surchauffe et il est possible, avec elle, de combattre tous les phénomènes thermiques qui sont si complexes aux cylindres possédant ou non des enveloppes ; c'est, d'ailleurs, pour être plus maître de ces phénomènes qu'ont été imaginées les triples ou multiples expansions où les écarts de température entre les parois et la vapeur sont gradués dans chaque cylindre.

Un des résultats pratiques immédiats de la vapeur surchauffée c'est que, sa densité étant fort diminuée, on peut augmenter sensiblement sa vitesse d'écoulement dans les tuyauteries et, par suite, n'employer que des conduites de moindre section ; en outre, en raison de l'économie de vapeur que l'on réalise, on peut réduire la surface de chauffe des générateurs, c'est-à-dire soit leur nombre, soit leur encombrement. Dans une installation déjà existante, les avantages que procurent les surchauffeurs se traduisent de diverses façons ; tantôt, en effet, on aura la possibilité d'établir un roulement entre les chaudières nécessaires pour le service et celles en visite, en attente ou en réparation ; tantôt, dans le but d'accroître la puissance motrice sans forcer les chaudières, on aura un moyen d'adjoindre d'autres moteurs tout en maintenant l'ancienne production de vapeur ; d'autres fois encore, on améliorera tout bonnement le rendement des chaudières, à leur limite de production ; enfin il sera loisible de les forcer dans des cas exceptionnels sans qu'il y ait à redouter des entraînements d'eau aussi pernicieux que peu économiques.

La surchauffe de la vapeur, étudiée d'une manière rationnelle et appropriée logiquement dans chaque cas, produit toujours une économie notable de combustible bien qu'il y ait apparence que l'on emprunte au foyer la quantité de calorique nécessaire à cette opération ; c'est qu'il faut bien remarquer que le rendement de l'appareil évaporatoire en lui-même ne subit pas de modification et que sa puissance de vaporisation, en particulier, ne change en quoi que ce soit, puisque c'est sur la vapeur que l'on agit après sa formation.

Toutefois la surchauffe a une limite, variable avec les circonstances dans lesquelles on l'applique ; il est donc impossible de rien préciser à ce sujet, c'est l'expérience qui doit guider dans le choix de telles ou telles températures. Il est évident que, si l'intensité du foyer varie, la température au surchauffeur variera également en proportion et il est nécessaire que la régularité soit convenable.

Les premières applications des surchauffeurs au fonctionnement des machines sont cependant très anciennes ; malheureusement elles étaient plus ou moins pratiques et on se fiait peu à eux, parce qu'au contact des gaz dans la cheminée, la vapeur se surchauffait beaucoup trop, brûlait les lubrifiants de la machine qui, dès lors, grippait et était détériorée. Un autre danger résidait en ce que la suie se déposait sur les tubes qui constituaient généralement le surchauffeur ; le feu y prenait et produisait soit l'avarie complète de ces tubes, soit une surchauffe violente et exagérée.

Aujourd'hui l'emploi des huiles résistant à des températures élevées et des bourrages métalliques a permis d'obtenir des résultats appréciables quoique l'on ne puisse pas attribuer les déconvenues constatées au principe même de la surchauffe ; il faut considérer le surchauffeur comme complément du générateur, et son usage est très recommandable.

Les conditions auxquelles un bon surchauffeur doit satisfaire sont les suivantes : porter la vapeur à une température de 350 à 400 degrés environ ; n'exiger qu'un emplacement restreint, afin de pouvoir s'adapter en toute circonstance ; posséder une masse métallique assez importante pour agir comme régulateur de température ; être composé d'éléments pouvant s'adapter à tous les cas de la pratique ; il est évident qu'en plus de tous ces desiderata, on doit pouvoir compter sur son parfait fonctionnement.

Bien peu de surchauffeurs ont, pendant longtemps, solutionné ces données du problème et c'est ce qui les a fait abandonner ; à l'heure actuelle, il en est certains qui remplissent plus ou moins bien leur mission ; la plupart consistent en faisceaux de tubes prenant la vapeur au point le plus haut de la chaudière par un tube fendu de nombreux traits de scie ou percé de trous ; les tubes de surchauffe sont à libre dilatation et ramènent la vapeur vers la sortie des gaz où

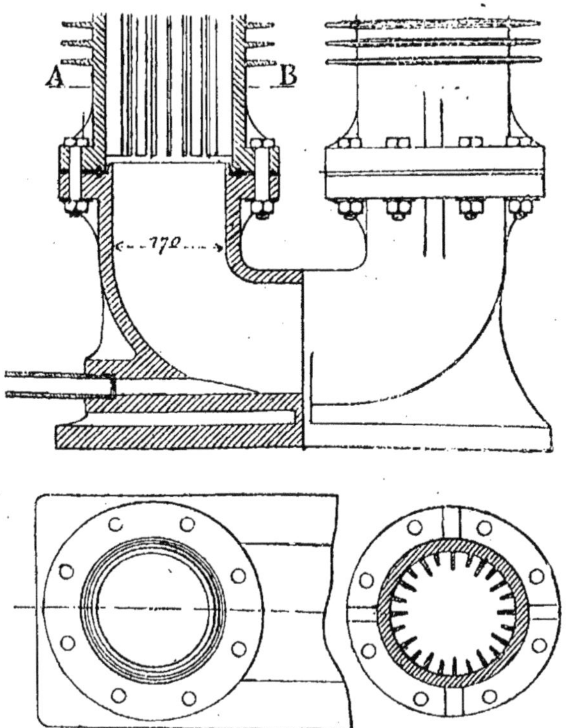

Fig. 570 571.

elle se sèche complètement d'abord et se surchauffe ensuite de plus ou moins de degrés.

Ce qu'il faut éviter dans l'installation de ces appareils, c'est les réparations, changements et arrêts fréquents, car toute interruption dans la marche des industries qui s'en servent, est une grosse perte et une perturbation. On les évite par le choix judicieux dans l'achat et le montage du surchauffeur qui, dans les expériences auxquelles on le soumet, procure des économies de combustible atteignant 30 pour 100.

Le système Schwœrer (fig. 570-571) est un de ceux qui fonctionnent avec le plus de sécurité ; il est constitué par des tubes de fonte spéciale très épais ayant, à l'intérieur, des nervures longitudinales, et, à l'extérieur, des ailettes transversales, de façon à augmenter considérablement la surface de chauffe de chaque paroi ; leur poids (300 kilogrammes au mètre courant) est une garantie de la régularité de la température. On les réunit en serpentins à l'aide de pièces de raccord extrêmement robustes dont l'assemblage empêche toute fuite, quelle que soit la pression ; les tuyaux sont essayés à 100 kilogrammes, c'est-à-dire à une pression égale à 5 fois le timbre de 20 kilogrammes adopté pour quelques chaudières.

On munit l'appareil d'un robinet-de purge à la partie basse, par lequel on évacue les eaux de condensation à l'arrêt du générateur. Il est recommandé de réserver une soupape de sûreté sur la conduite d'entrée ou sur celle de sortie.

Dans quelques cas spéciaux, il est possible de monter ce surchauffeur avec foyer séparé ; mais il suffit ordinairement de l'installer dans les carneaux des chaudières et, selon les circonstances, on l'expose soit au parcours direct, soit au rayonnement seulement des gaz chauds, et le degré de surchauffe varie avec chaque cas ; on vérifie la température à l'aide d'une pochette à mercure dans laquelle plonge un thermomètre spécial.

On débarrasse les ailettes des dépôts de suie qui peuvent s'y amonceler en envoyant un jet de vapeur surchauffée ; habituellement un nettoyage par mois est suffisant.

Quoiqu'il soit peut-être prématuré de parler dans ce chapitre des machines Compound ou à multiple expansion, nous devons néanmoins traiter, dans ce paragraphe des surchauffeurs, des avantages qu'on en retire pratiquement. Ils permettent d'améliorer le rendement de ce genre de moteurs à plusieurs cylindres en répartissant mieux les travaux recueillis sur chaque piston lorsque leur écart est appréciable ; cela peut donc conduire les constructeurs à modifier le rapport des cylindres fonctionnant avec vapeur encore surchauffée jusqu'à eux.

Le régime thermique de la machine n'est plus le même ; les condensations et les pertes par les parois ou par les conduites subissent des changements inattendus qui se traduisent par des répartitions de travaux totalement différentes de celles prévues dans le projet primitif d'établissement d'un moteur à détente multiple ; on cite une machine à triple expansion qui consommait 6 kilogrammes de vapeur par cheval-heure sans surchauffe et qui n'en a plus demandé que 4 kil. 60 avec ces appareils nouveaux.

Souvent, au lieu de marcher à triple expansion, il y a avantage à pratiquer la surchauffe intermédiaire et à ne faire agir que deux cylindres ; dans ce cas, on réchauffe à nouveau la vapeur à sa sortie du petit cylindre. Cette question est fort intéressante et suggère bien des remarques ; entre autres, il est évident que le rendement mécanique d'une Compound doit être plus grand que celui d'une triple expansion et, de ce fait, il y aura sans doute encore un gain notable.

On constate, en général, une diminution sensible des condensations dans les enveloppes quand on marche en vapeur surchauffée ; beaucoup de constructeurs ont commencé à tenir compte de ce fait et suppriment l'enveloppe quand la machine leur est commandée pour marcher avec surchauffe.

D'autres constructeurs ont appliqué la double surchauffe

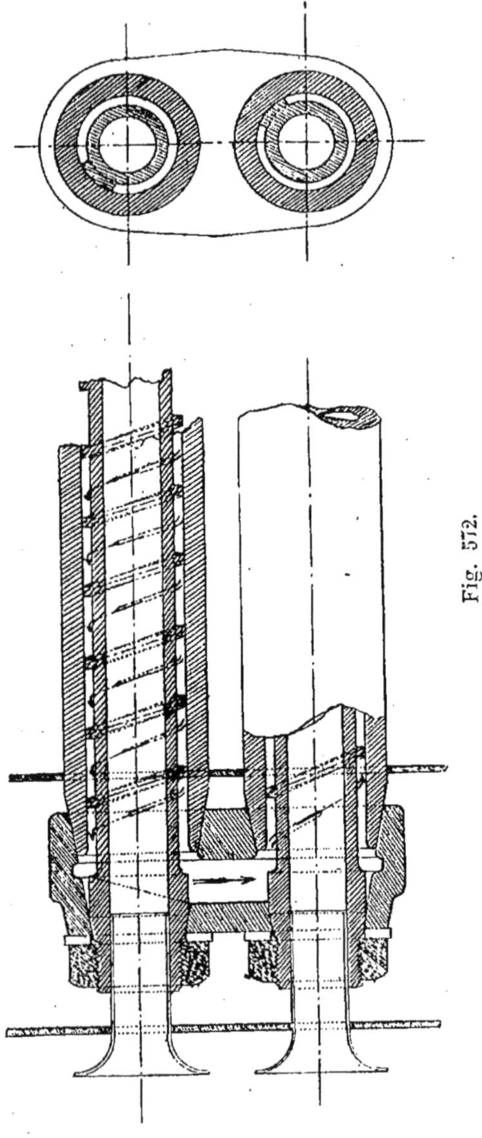

Fig. 572.

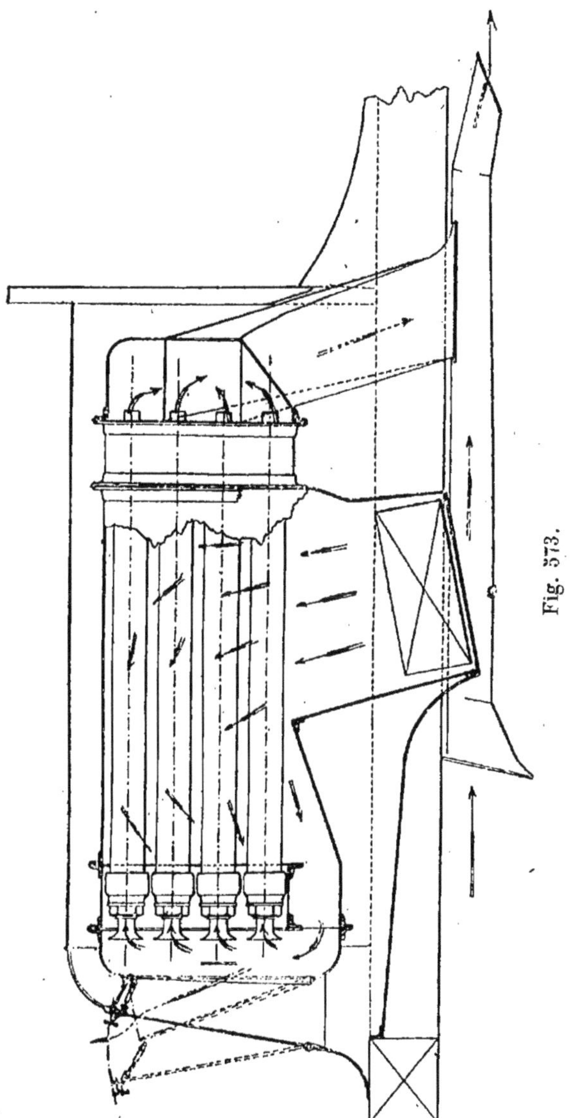

Fig. 373.

à de grandes machines Compond fonctionnant entre 8 et 10 kilogrammes au timbre ; la consommation de vapeur paraît descendre ainsi à moins de 4 kilogrammes de vapeur par cheval-heure. Quant à l'économie en charbon, de 1 kilogramme environ, qu'on estimait autrefois la dépense par cheval-heure, on peut retenir de diverses expériences, que l'on ne consomme plus que 0 kil. 700 à 0 kil. 500.

Le générateur *d'Espujols* peut, en raison de l'un de ses principaux avantages, être considéré comme surchauffeur, fournissant très rapidement la vapeur à pression (et température) fort élevée.

Ses dispositions permettent, d'autre part, d'éviter les coups de feu ainsi que les obstructions résultant de l'entartrage des tubes, en assurant normalement la circulation de l'eau sur la totalité des parois vaporisantes des éléments.

La chaudière (fig. 573) est constituée par un faisceau de tubes à fourreau assemblés deux par deux à l'aide de raccords formant de la sorte un circuit continu depuis le point d'arrivée de l'eau jusqu'à la sortie de vapeur ; la circulation s'effectue donc tant à l'extérieur immédiat des tubes qu'à leur intérieur, de manière telle que l'eau ou la vapeur est laminée entre deux parois vaporisantes.

Le tube extérieur, dit *bajousateur*, est en acier doux étiré sans soudure supportant la tension intérieure et il est chauffé *extérieurement ;* le tube intérieur, dit *adducteur*, en acier coulé, porte sur la périphérie une arête hélicoïdale dans les intervalles de laquelle circule l'eau ou la vapeur ; il est chauffé intérieurement.

Cette sorte d'alvéole en spirale a pour principal objectif de contraindre l'eau, dès son entrée dans les éléments inférieurs, à s'étendre sous forme de *lame* sur la totalité des parois vaporisantes, supprimant ainsi la veine centrale de l'eau beaucoup moins accessible à la chaleur.

Enfin, l'hélice à pas constant retarde aussi longuement que possible l'évolution de l'eau, qui, de ce fait, absorbe plus complètement les calories dégagées par le combustible.

Il en résulte que cette eau se transforme instantanément en vapeur et cela dès son premier contact avec les parois ; la vapeur est également contrainte à parcourir de la même façon les alvéoles hélicoïdaux dans les éléments supérieurs.

Il est à remarquer que les parois englobant ces alvéoles lui transmettent la même puissance calorique qu'au début de sa formation ; par conséquent, cette vapeur se trouve surchauffée progressivement et acquiert *instantanément* une tension très élevée, supérieure à celles obtenues jusqu'à ce jour, ainsi que l'ont accusé les appareils de mesure employés pendant les expériences (50 kil. environ).

Les avantages résultant de ces différents points se font surtout sentir dans le peu d'encombrement de l'ensemble du générateur dont le poids est relativement faible ; en outre, sa facilité de démontage fait que les obstructions ne sont plus à redouter, puisqu'un nettoyage efficace de toutes les parties peut s'effectuer normalement et directement sans avoir recours aux acides.

CHAPITRE IX

CONDUITE ET ENTRETIEN DES CHAUDIÈRES

Le nombre des combinaisons d'organes imaginés, depuis sa création presque parfaite par Watt, pour la machine à vapeur est tellement élevé, qu'il nous est impossible, dans cet ouvrage, d'aborder intégralement les détails de leur construction ; non plus que ceux de tous les générateurs en usage ou démodés; bien des auteurs ont, du reste, travaillé cette question de la bonne utilisation du calorique, condensant les découvertes et les perfectionnements, au fur et à mesure des progrès successifs ou des tentatives que l'on réalisait en cette science spéciale ; c'est pourquoi nous ne jugeons pas nécessaire de décrire plus longuement les particularités de chaque genre de chaudières, où se retrouvent presque toujours d'ailleurs la plupart des principes précédemment exposés.

Il nous semble plus pratique de nous cantonner dans des généralités pour traiter ce dernier chapitre ; elles comprendront, par conséquent, une analyse de la plupart des cas que des hommes spéciaux et d'expérience, tels que les mécaniciens ou les chauffeurs, sont appelés à rencontrer ou à résoudre d'ordinaire, tant sur le rapport de la conduite et de l'entretien courants que sous celui de la collaboration qu'en attendent les ingénieurs : épreuves d'installation, essais de contrôle en cours de fonctionnement, questions majeures, réparations ou changements, où intervient surtout leur expérience de praticien.

Allumage. — Partout où l'on emploie la vapeur sous pression, soit pour le moteur soit pour d'autres usages industriels, il ne faut pas oublier que la sécurité générale (sans compter d'autres éléments d'une industrie régulière) dépend de l'ouvrier préposé à la chauffe : chauffeur simple ou mécanicien-chauffeur dans le cas de machines du genre locomobiles ou demi-fixes ; il est donc indispensable qu'il connaisse à fond les précautions qu'il ne doit jamais négliger ; c'est pourquoi nous allons commencer par indiquer les dispositions préalables qu'il devra prendre, avant toute mise en route.

Le chauffeur doit vérifier si la fermeture a bien eu lieu pour les portes autoclaves, trous de sel, bouchons ou autres, et si les organes visités ou démontés fonctionnent, ce qui se voit parfaitement. Aucun objet ne sera oublié dans le générateur.

Si la chaudière est vide, on fera le plein au niveau d'allumage, un peu supérieur au niveau normal, en s'assurant que les robinets sont convenablement, soit ouverts, soit fermés, selon leur rôle ; en particulier, on tiendra ouverts les robinets-jauges et la purge du niveau par lesquels l'air sortira plus ou moins abondamment et avec un certain bruit qui indiquera la bonne marche de l'opération du remplissage ; on s'assurera aussi, selon les circonstances, que l'eau afflue également partout en sondant au marteau les diverses parties sur lesquelles il y aurait suspicion. On est parfois conduit à déboîter des joints du tuyautage d'alimentation à la suite de ce sondage.

On arrête l'arrivée d'eau lorsqu'elle est à son niveau indiqué par les robinets de purge ou de jauge que l'on ferme à ce moment ; on ferme aussi la prise d'eau et on s'assure que la chaudière ne fuit pas en visitant tous les endroits, tels que coutures, joints et robinets. On vérifie, dans cette même inspection, si les barreaux de grille peuvent se mouvoir librement et s'il n'y a aucun corps étranger dans les fourneaux, autels ou carneaux quelconques.

La plus sûre manière de préparer l'allumage consiste à bâtir une voûte, avec deux pieds-droits formés de forts morceaux de combustible supportant un plancher de bois refendu sur lequel on recouche d'autre bois ; par-dessus enfin on place du charbon cassé à la main, jusqu'à toucher le ciel du foyer et, dans le vide réservé, on introduit des copeaux ou du menu bois.

A ce moment on ouvre les robinets des manomètres, le robinet jauge du haut, les registres, les soupapes d'arrêt ou de sûreté qui laisseront préalablement l'air s'échapper ; on met en bon état les cendriers dont on ferme les portes et on entre-bâille celles du fourneau.

Une fois la houille allumée, la chaleur se propage ; le bûcher est entretenu à la main, peu à peu, afin de ne pas l'étouffer sous une trop forte masse de combustible froid ; quand tout le devant est enflammé, on le repousse en arrière vers le milieu de la grille et on charge à nouveau et toujours progressivement ; on peut alors ouvrir les cendriers et fermer la porte du foyer, ce qui active la combustion et permet, après quelque temps, d'épandre le charbon en ignition et de charger complètement au fur et à mesure de la marche du feu.

L'eau s'échauffe et l'ébullition commence, se traduisant par un jet de vapeur qui sort par le robinet jauge supérieur ou par les soupapes de sûreté ; on ferme alors ces dernières ouvertures ; il faut faire fonctionner les robinets, soupapes et autres accessoires avant que la pression monte et il ne reste ensuite qu'à lui faire atteindre son chiffre de régime en chargeant de temps à autre et par petites quantités à la fois.

Nous savons que si l'on jetait d'un seul coup un volume un peu grand de combustible, on abaisserait d'abord la température, et, de plus, on obstruerait les passages de l'air ; en n'étendant que des couches minces sur la grille on ne risque pas d'ailleurs de distiller inutilement les gaz de la houille.

Le tirage provoque parfois des ronflements que l'on fait cesser par la fermeture graduée du cendrier et par une meilleure répartition de la couche de charbon.

Aussitôt que le manomètre accuse la pression normale, le rôle du chauffeur réside dans le maintien du niveau de l'eau et dans celui de la régularité au manomètre ; il va sans dire que sa surveillance s'étendra aussi à la conservation du générateur tant à propos de sa solidité que de sa propreté extérieure et intérieure ; nous allons examiner successivement les meilleures conditions pour satisfaire à ces divers points.

Niveau de l'eau. — La prescription fondamentale que l'on doit observer est celle qui est relative à la constance du niveau ; si on ne l'observait pas, ce pourrait être le motif du plus grave des accidents : l'explosion, qui se produit aussi bien quand il n'y a pas assez d'eau que lorsqu'elle est en excès, quoique plus rarement.

L'alimentation en marche est donc bien réglée lorsque le niveau ne varie que fort peu ; ainsi que nous l'avons vu précédemment, il est indispensable qu'il soit toujours à 10 ou 12 centimètres plus haut que le sommet des carneaux, des tubes ou du ciel des foyers, afin que la *lame d'eau* soit suffisamment épaisse; sinon les tôles risqueraient, lors d'une ébullition tumultueuse, par exemple, de se trouver en contact, sur une de leurs parois, avec des gaz très chauds, alors que, sur l'autre, elles ne seraient pas refroidies et deviendraient, de la sorte, susceptibles d'être portées au rouge ; non seulement, dans ces conditions, la résistance permanente du métal en pourrait être amoindrie et provoquerait la rupture de la partie brûlée, mais, en outre, l'explosion deviendrait imminente à cause de l'abondance énorme du volume d'eau subitement vaporisée, que ne compenserait pas la perte par les soupapes, même immédiatement mises en jeu.

Trop d'eau dans la chaudière est aussi un inconvénient qui peut avoir autant de gravité matérielle que le procédent; des entraînements d'eau, même sans ébullition notable, seraient susceptibles d'avoir lieu; une partie de l'eau, se trouvant entraînée dans les cylindres, occasionnerait des chocs violents et souvent la rupture de ceux-ci.

Au point de vue de la bonne conservation de la machine, disons de suite que, de toutes façons, on doit éviter les projections d'eau ; elles provoquent un abaissement notable du niveau, surtout dans les multitubulaires, et augmentent considérablement la fatigue des chaudières aussi bien que la dépense de combustible. Par l'action de l'ébullition, ce n'est pas que de l'eau et de la vapeur mélangées qui sont entraînées vers les cylindres ; les sels et toutes les impuretés de la chaudière passent aussi en masse vers les glaces des tiroirs, sur les parois des cylindres et jusqu'au condenseur ; les tuyautages et soupapes sont également fatigués et suintent abondamment quand cet accident a lieu.

Le chauffeur devra donc établir et surveiller un bon réglage de l'alimentation par le fonctionnement convenable des pompes alimentaires qui ne devront surtout pas envoyer d'air au générateur ; on évite les ébullitions en fermant les cendriers, en étranglant lentement l'ouverture des soupapes d'arrêt, en alimentant fortement ; on remet ensuite les choses à l'état normal. En même temps, à la machine, on ouvre les purges et on réduit l'allure ; on arrête même au besoin. Le chauffeur vérifiera aussi si le robinet de vidange n'est pas ouvert accidentellement et si l'extraction n'a pas été trop prolongée ou s'il n'y a pas de fuite notable en quelque partie de la chaudière ; ce sont là les causes de l'abaissement du niveau que l'on constate au moyen des appareils décrits dans le chapitre *Chaudières* : tube indicateur en verre, robinets de jauge et flotteur, mais principalement le premier.

On remarquera donc attentivement si l'eau monte et descend librement et, par les petits robinets d'épreuve, on constatera qu'il n'existe aucune obstruction dans le tube ; on ouvre, pour cela, alternativement celui du haut et celui du bas qui doivent donner issue soit à de la vapeur, soit à de l'eau ; on le dégagerait s'il y avait lieu et, de toutes façons on le tiendra toujours parfaitement transparent et propre.

La manœuvre est la même pour les robinets de jauge que l'on doit faire fonctionner à plusieurs reprises en lançant le jet sur un mur ou une planche pour pouvoir mieux différencier la nature de ce qui s'en échappe ; ces robinets seront bien étanches et, s'ils se bouchent, on les dégage avec un fil de fer flexible.

Si le niveau approche de sa limite inférieure, il faut aussitôt alimenter en s'assurant, bien entendu, que les appareils donnent suffisamment d'eau pour remplacer, en surplus, celle qui est enlevée par les cylindres pendant cette opération ; la pompe alimentaire porte à cet effet, sur la tubulure de refoulement, un robinet de contrôle où l'eau doit sortir par intermittences sous l'influence du mouvement du piston plongeur ; le chauffeur verra le niveau de l'eau monter lentement dans le tube indicateur; si la hauteur était constante, si même elle continuait à diminuer, ce serait la preuve que l'alimentation se fait mal ou qu'il existe un autre grave défaut auquel il faut porter remède sans perdre de temps.

En supposant que la lame d'eau soit encore de quelques centimètres, on modérera immédiatement le feu et la dépense de vapeur en fermant le registre de la cheminée et le cendrier et en couvrant le foyer de charbon frais; au même instant on fait marcher en plein l'appareil alimentaire.

Dans le cas où l'on ne voit plus le niveau ou que l'on suppose que certaines parties sont hors de l'eau, il faut au contraire ne pas envoyer d'eau au générateur; si le robinet-jauge inférieur et celui de purge du tube indicateur donnent tous deux de la vapeur sèche (jet bleuâtre ne mouillant pas la main), on ouvre avec précaution la porte du fourneau et on fait sans retard tomber le feu de la grille si le ciel de foyer n'est ni déformé ni rougi, tandis qu'on refermerait immédiatement la porte dans le cas contraire.

S'il n'y a pas eu coup de feu, on laisse l'appareil refroidir lentement, de préférence, pour ne pas saisir le métal composant la chaudière, en fermant le registre de la cheminée et les portes du foyer, et on fait tomber la pression par la soupape de sûreté.

Si, au contraire, on avait une partie des tôles de foyer rougie ou déformée, on ferait évacuer rapidement le personnel de la chaufferie et on augmenterait considérablement l'allure du moteur; après quelque temps, si l'accident ne s'est pas produit, on revient pour fermer toutes les soupapes de communication, on soulève avec précaution la soupape de sûreté et, quand la pression est presque entièrement tombée, seulement alors on met bas les feux.

Il faut bien se garder d'ouvrir brusquement les soupapes

de sûreté et la canalisation de vapeur, car ce mouvement serait la cause d'une ébullition par soubresauts et mettrait de suite l'eau en contact avec des parois rouges. On vide ensuite la chaudière par l'extraction et, s'il se peut, on remédie de suite à l'avarie comme, par exemple, le remplacement d'un tube ou son dégagement.

Chargement. — Pour entretenir convenablement le feu, il faut en surveiller fréquemment les aspects sans cependant ouvrir la porte du foyer ; on y parvient en observant sa clarté dans le cendrier qui doit être bien régulière; si l'on voit des points noirs avec des points brillants, c'est qu'il existe des trous dans la masse ; on jette et on égalise le charbon ; le mâchefer encrasse la grille, et il faut alors décrasser, quand le cendrier est rouge sombre.

Le moment est venu de recharger lorsqu'en entr'ouvrant la porte de fourneau on aperçoit que le charbon, bien blanc, avec une flamme courte, est réduit d'environ un tiers de son épaisseur de couche normale; on ferme alors le cendrier, on ramasse à la pelle le combustible concassé et on en jette d'abord un peu sur l'avant du foyer pour être moins gêné par son rayonnement ; puis on en garnit toute la longueur, très régulièrement, en commençant, bien entendu, par l'arrière ; il faut avoir grand soin de ne pas dépasser l'autel ; autant que faire se peut, il est préférable d'espacer périodiquement les charges et d'agir promptement, à cause des rentrées d'air préjudiciables à la bonne utilisation du charbon.

On ferme ensuite le fourneau et on rouvre le cendrier en se débarrassant des escarbilles s'il s'en est produit.

Quand plusieurs générateurs sont disposés les uns à côté des autres, il faut éviter d'en charger deux au même instant ; la répartition des chauffeurs se fera aussi selon leurs qualités ou leurs défauts afin qu'ils aient d'autant moins d'influence sur la marche générale de la chaufferie.

Ce qu'il faut surtout veiller à ne pas produire, c'est la fumée noire à la cheminée et la formation de flammes bleues sur la grille ; dans les deux cas c'est une perte sèche de combustible soit sous forme de particules très ténues de carbone, soit sous celle d'oxyde de carbone.

La combustion incomplète a pour cause l'insuffisance de la quantité d'air qui traverse les barreaux ; au lieu d'obtenir, par la combustion, de l'acide carbonique dont les flammes sont incolores, on a un gaz brûlé en partie seulement ; on réglera donc l'arrivée d'air en le répartissant uniformément sur le foyer et surtout en décrassant, comme nous l'indiquons ci-après.

Pour empêcher la production de fumée noire, on étale convenablement le charbon frais sur celui qui est déjà en pleine ignition et n'en chargeant pas une trop forte proportion à la fois ; le chauffeur, dans un appareil bien construit, ayant une hauteur de cheminée convenable, fournira au foyer le volume approprié en manœuvrant judicieusement le registre. La quantité d'air doit varier, en effet, selon les circonstances ; c'est ainsi que, quand on vient de nettoyer la grille et de recharger, il y a un abondant dégagement de fumée qu'il faut brûler par un surcroît d'air ; on y parvient en repoussant le combustible incandescent vers l'autel et en n'en laissant que peu à l'avant ; il y a, par ce procédé, mélange de l'air et de la fumée dans la partie très chaude et, par suite, presque pas de perte. D'autres fois ou bien on laisse entr'ouverte de 2 ou 3 centimètres la porte du fourneau, ou bien celle-ci est munie de petites ouvertures supplémentaires qu'on manœuvre à propos.

Décrassage. — L'arrivée d'air peut encore être gênée ou même arrêtée par l'état des barreaux de grille ; par la combustion, les résidus et les impuretés du combustible empâtent la grille en formant des mâchefers qui se collent sur le métal et réduisent les intervalles. Il en résulte que l'air est animé d'une plus grande vitesse par les sections encore libres et qu'il se mélange moins intimement aux gaz du foyer.

On remarque alors que le cendrier s'assombrit ; dans ce cas, il suffit quelquefois de passer le crochet dans les vides pour faire tomber les cendres ; mais, si malgré cela, l'aspect du cendrier ne change pas, il faut procéder au *décrassage*.

Si l'on est pressé, il n'est que partiel : on ferme le cendrier, on passe rapidement la lance, par la porte ouverte du fourneau, entre le mâchefer et la grille, en détachant ainsi les plaques plus ou moins visqueuses que l'on fait sauter au-dessus de la couche de charbon ; il ne reste plus qu'à les attirer au dehors et à égaliser la surface par une charge rapide ; puis on ferme le fourneau et on rouvre le cendrier que l'on nettoie.

Mais il faut, de toutes façons, en arriver au décrassage complet, que l'on prépare en poussant la chauffe sans charger afin de développer une température qui entretienne le mâchefer en fusion pâteuse. Lorsque l'épaisseur est réduite de moitié de son épaisseur ordinaire, on ferme le cendrier et on ouvre la porte du fourneau ; au moyen des outils, on amène le combustible de tout un côté de la grille, afin de dégager son autre moitié ; avec le pique-feu que l'on interpose entre la grille et les parties de scories, on fait sauter ces mâchefers et on les sort du fourneau ; ils tombent sur le parquet de la chaufferie et on les arrose immédiatement.

On garnit alors la partie de la grille, qui vient d'être nettoyée, avec une couche mince de combustible frais, sur lequel on étale le charbon précédemment mis de côté afin de procéder de la même façon pour la seconde moitié du fourneau ; il ne reste plus qu'à régulariser la surface du combustible et à recharger légèrement. On remet enfin les choses à l'état normal par fermeture du foyer et ouverture du cendrier, dont on enlève les escarbilles ; puis, progressivement, on revient à l'épaisseur de charbon normale.

Il ne faut pas éteindre brusquemment les mâchefers sous une trop forte proportion d'eau et il est indispensable de s'en tenir éloigné, car on pourrait être atteint par des éclaboussures brûlantes; on veille également à ne pas envoyer d'eau froide sur la devanture du générateur.

Un ou plusieurs barreaux peuvent tomber pendant le décrassage; on commence, en ce cas, par les sortir et on les laisse suffisamment refroidir pour les ligaturer, à leurs extrémités, sur un outil ; on les présente à leur emplacement et on n'en dégage cet outil que lorsque les ligatures sont brûlées. Ce décrassage est quelquefois facilité ou même rendu inutile par des dispositions spéciales des barreaux que l'on peut agiter de temps à autre ; ces systèmes sont avantageux, lorsque du moins ils ont été sanctionnés par l'expérience, car ils permettent d'espacer les nettoyages, toujours préjudiciables à la marche des chaudières et à leur conservation ; le choix du combustible a aussi une grande influence sur la formation des mâchefers et le chauffeur éliminera les pierres et les pyrites chaque fois qu'il en apercevra avant l'introduction dans le foyer.

Ramonage des tubes. — La suie qui se dépose à l'intérieur des tubes est un empêchement à la bonne transmission de la chaleur à travers leurs parois ; on reconnaît qu'ils ont besoin d'être nettoyés quand la pression baisse malgré la constance de l'allure et du travail du moteur. On le vérifie, d'ailleurs, en ouvrant vivement la boîte à fumée où la suie s'est aussi déposée et où l'on constate que les sections des tubes sont fort rétrécies.

On ramone avec la brosse à tubes ou avec des appareils spéciaux, et il est préférable de choisir le moment qui précède le décrassage; on ferme le cendrier, et, dans chaque tube, on passe l'écouvillon d'un bout à l'autre, en le trempant dans l'eau, s'il n'est pas métallique. On enlève ensuite la suie des plaques de tête, des conduits et de la boîte à fumée, puis on remet les feux en activité. Si la pression tombait pendant le nettoyage, on réduirait un peu la section de la prise de vapeur; mais, de toutes manières, il faut agir avec promptitude.

Arrêt du feu. — Un peu avant l'arrêt complet de la chaudière, il faut procéder au nettoyage de la grille, augmenter l'alimentation de la chaudière et réduire progressivement le feu ; c'est afin de refroidir plus lentement l'ensemble du générateur.

Lorsqu'il ne s'agit que d'un arrêt momentané, vers la fin de la journée, par exemple, on décrasse le foyer que l'on recouvre de combustible frais et mouillé et on ferme le registre et le cendrier, en laissant entrebâillée la porte du fourneau ; le tirage est ainsi à peu près nul et l'on peut cependant remettre très promptement en activité, sans perte de charbon.

Soupapes de sûreté. — Elles demandent à être surveillées fréquemment afin que l'on soit assuré qu'elles ferment hermétiquement et que, cependant, elles ne sont pas calées ; pour cela le chauffeur les soulève légèrement pendant le fonctionnement et constate leur parfaite liberté ; il est évident qu'en aucun cas il ne faut les surcharger et, par conséquent, ne jamais les bloquer; les plus sérieux accidents en pourraient être le résultat.

Les soupapes ne doivent pas non plus être le siège de fuites de vapeur, même minimes; si cela se présente, avoir soin de les roder avec de l'émeri fin.

Manomètres. — Il est nécessaire de les contrôler avec un appareil étalon, de loin en loin, dans le but de constater s'ils marquent exactement zéro quand la chaudière n'est pas en pression et s'ils atteignent aisément le chiffre maximum de repère au moment précis où les soupapes de sûreté commencent à cracher ; ils doivent être installés pour qu'on les aperçoive à bonne distance et entretenus toujours très proprement ; à cette intention, la lumière sera ménagée pour les frapper directement et on en rend le verre bien clair en se servant d'eau additionnée de vinaigre.

Pour empêcher le manomètre de monter, c'est-à-dire pour modérer la hausse de pression à l'intérieur de la chaudière, on réduit l'intensité du feu, avant que l'aiguille ne se rapproche trop du timbre limite, en agissant sur le tirage et en chargeant de charbon frais, selon les circonstances, déjà indiquées à propos du niveau de l'eau.

Nettoyage. — On ne peut rien préciser quant à la nécessité de procéder au nettoyage de l'intérieur plus ou moins souvent; non seulement le type du générateur, mais la qualité des eaux et le genre de machine sont des facteurs dont l'influence entre en jeu; c'est donc l'expérience seule qui guidera le praticien. Comme règle générale, cependant, il est bon de prescrire une vidange plus fréquente lorsque les eaux sont incrustantes ou chargées de matières étrangères, car la vaporisation s'opère plus vite et mieux dans une chaudière propre et, de plus, il est urgent, pour la sécurité générale, de ne pas permettre à des croûtes plus ou moins adhérentes de se coller sur les parois métalliques.

On diminue évidemment les dépôts, à la suite desquels ont lieu les incrustations, par des extractions régulièrement espacées, mais il est toutefois impossible de les combattre absolument et l'on s'en débarrasse alors par le piquage, auquel l'on procède après que, par lavage, on a enlevé les boues.

Ce piquage, que l'on opère avec un marteau spécial, n'est pas toujours facile, car il existe des types de chaudières où les parties recevant particulièrement les dépôts sont peu accostables, tels les intervalles des tubes ; aussi a-t-on imaginé des appareils dans la description desquels il n'est pas utile d'entrer.

Les incrustations se détachent sous l'action des petits chocs répétés qui n'altèrent pas le métal ; on les rejette ensuite au dehors très minutieusement en se rappelant que la moindre parcelle oubliée dans les fonds deviendrait, dans l'avenir, le noyau autour duquel s'aggloméreraient de nouveaux sels.

Quand les parois sont nettes, on les badigeonne au goudron de houille ou à la plombagine délayée.

Le chauffeur profite ordinairement du nettoyage intégral pour faire une revue attentive de tous les appareils accessoires ; les conduits n'en doivent pas être obstrués, manomètres, jauges, indicateurs quelconques ; il observe aussi l'état du foyer et des carneaux ou conduits de fumée qu'il remet en état, l'autel en particulier ; cela peut déceler des fuites quelquefois peu importantes d'abord et qu'il aveugle sans retard, tout suintement ayant une tendance marquée à s'accentuer lors de la remise en marche.

Avant de fermer les trous-d'homme, il s'assure dans une dernière visite, spéciale à cet effet, qu'aucun objet n'est resté dans le générateur ; enfin il adapte tous les bouchons et refait tous les joints pour n'avoir plus qu'à faire le plein.

FIN

TABLE DES MATIÈRES

DE LA CINQUIÈME PARTIE

BOULONS ET RIVETS

CHAUDRONNERIE

ÉMILE COLIN, IMPRIMERIE DE LAGNY (S.-&-M.)

Librairie Bernard Tignol,
53 bis, Quai des Grands-Augustins
Téléphone 275.00

Électricité

INDUSTRIES DIVERSES

Arts et Manufactures — Chimie Industrielle

PREMIÈRE PARTIE

Ces livres sont envoyés franco, joindre à la demande le montant en un mandat-poste

Nous fournissons également tous les ouvrages de Science, Industrie, Littérature, etc., qui ne figurent pas dans nos Catalogues.

La Maison se charge de publier à son compte ou à celui des Auteurs tous les ouvrages se rattachant à sa spécialité

1903

PARIS
Librairie Bernard TIGNOL
PUBLICATIONS DE LA
LIBRAIRIE de L'ÉCOLE CENTRALE des ARTS et MANUFACTURES
53 *bis*, Quai des Grands-Augustins, 53 *bis*

Accumulateurs (Voir Électricité, Piles).

Les Accumulateurs électriques. Nouvelle édition, par F. Cacheux, ingénieur-électricien. — 1 vol. in-16 avec figures dans le texte, 1901. — Prix. . . . . 4 fr.

Table des Chapitres. — Description et mode d'emploi des piles secondaires. — Les accumulateurs anciens et nouveaux. — Montage des éléments et choix du local pour les accumulateurs. — Charge et décharge. — Les accidents : leurs causes et leurs remèdes. — Résumé.

Acétylène.

L'Acétylène et ses Applications, l'Incandescence par le Gaz et le Pétrole, par F. Dommer, ingénieur des Arts et Manufactures, professeur à l'École de physique et de chimie industrielles de la Ville de Paris; 1 beau vol. in-16, 220 fig. — Prix. . 4 fr. 50

Après une théorie élémentaire de la lumière, l'auteur aborde la description, peu connue, des minéraux dont les oxydes sont utilisés à produire l'incandescence : thorite, orangite, monazite, et traite ensuite avec une grande compétence les appareils à incandescence, à combustion complète, de Siemens, Bandsept, Denayrouse et Auer, etc.

La seconde partie, la plus importante de cet ouvrage, est entièrement consacrée à l'*Acétylène*, le nouveau et déjà célèbre concurrent du gaz et de l'électricité. Tout ce que nous savons à ce jour sur l'acétylène, préparation de carbure de calcium, emploi dans l'éclairage, lampes mobiles, régulateurs, application à la carburation du gaz, à la traction, aux produits chimiques, alcool, etc., est décrit minutieusement.

Acide sulfurique.

Fabrication de l'Acide sulfurique. Procédés de contact, par E. Petitgout, in-16, 10 figures, 1902. — Prix. . . . . . . 1 fr. 50

Aérostation.

Manuel pratique de l'Aéronaute. Étoffe. — Couture. — Filet. — Soupape. — Nacelle. — Lest. — Guide-rope. — Courants. — Observations. — Descente, etc. — Par W. de Fonvielle; in-16, figures. — Prix . 5 fr.

3,000 kilomètres en Ballon, par Maurice Farman, 1 volume in-8° illustré de nombreuses figures. — Prix. . . . . 3 fr. 50

Machines aériennes d'aluminium (Fusairs et Uranes), par Const. Fontana, in-16 avec figures. — Prix . . . . 1 fr. 50

Aérostation. Construction, description et direction des ballons, par Miret, in-8°, 58 pages, 37 figures. — Prix . . . . 2 fr. 50

Agriculture.

Petite Encyclopédie d'Agriculture, publiée sous la direction de M. A. LARBALÉTRIER, professeur à l'École d'Agriculture de Grand-Jouan. Chaque ouvrage forme un volume in-16 avec nombreuses figures dans le texte. Les 10 volumes ensemble. Prix : **15** fr.

Les Engrais. Engrais chimiques. — Engrais naturels. — Engrais composés. — Formules. — Besoins des Plantes. — Analyse des Engrais par F. LEGRAND, 19 figures. — Prix . . . . **1 fr. 50**

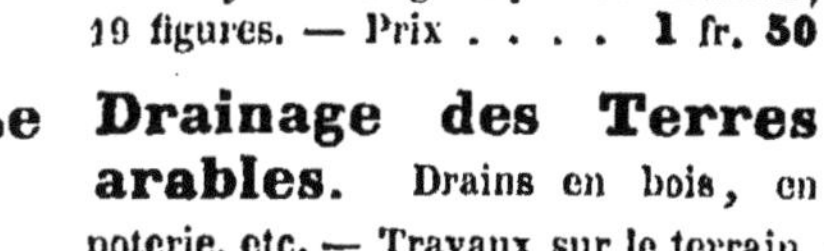

Le Drainage des Terres arables. Drains en bois, en poterie, etc. — Travaux sur le terrain. — Drainages spéciaux. — Fonctionnement. — Avantages, par A. LARBALÉTRIER, 29 figures. — Prix. **1 fr. 50**

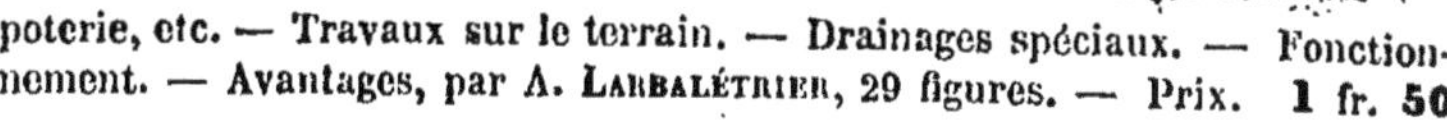

Élevage du Bétail. Chevaux.—Bœufs.—Vaches.— Moutons.—Porcs, etc. par Em. DARBORY, propriétaire-éleveur, 55 figures . . . . **1 fr. 50**

Nos Légumes et nos Fleurs. Caractères. — Variétés. — Culture. — Maladies, etc., par E. FAVERI et A. LARBALÉTRIER, 56 figures. **1 fr. 50**

Laiterie, Beurre et Fabrication des Fromages. Lait. — Analyse. — Conservation. — Écrémage. — Barattage. — Conservation. — Fromages mous, frais, affinés, cuits, etc., par E. RIGAUX professeur à l'École d'Agriculture de Mende, 320 pages, 73 figures . . . . **3** fr.

Machines agricoles et Constructions rurales. Charrues. — Herses. — Semoirs. — Faucheuses. — Moissonneuses. — Lieuses. — Batteuses, etc. — Constructions : Écuries. — Bouveries. — Étables, in-16, nombreuses figures, par G. MÉNUL, 112 figures. — Prix. . . . . **1 fr. 50**

Céréales et Fourrages. Culture pratique. — Froment. — Seigle. — Orge. — Avoine. — Sarrasin. — Trèfle. — Betterave, etc., par A. LARBALÈTRIER, 51 figures . . . . **1 fr. 50**

Arbres fruitiers et la Vigne. Fumure. — Conduite. — Multiplication. — Variétés : Abricotier. — Amandier. — Cerisier, etc. — La Vigne. — Cépage, Culture, Accidents, Maladies, par P. D'AYGALLIERS, 46 figures . . . . **3** fr.

Cidre, Poiré et Boissons économiques. Culture du pommier et du poirier. — Fabrication du cidre et du poiré. — Maladie du cidre, remèdes. — Eaux-de-vie. — Vinaigre. — Conservation des fruits. — Vins de Dattes, Figues, Poires, Pommes tapées. — Vins de fruits frais, Cerises, Prunes, Framboises, Groseilles, etc., 24 fig., par E. RIGAUX. **1 fr. 50**

Volailles, Lapins et Abeilles. Poules. Élevage, Incubation, Engraissement, Pintades, Dindons, Oies, Canards, Pigeons. — Lapins. Elevage, Alimentation. — Abeilles. Colonies, Nourriture, Rucher, Essaimage, Ruche, Récolte du miel, par E. PARADIS et A. MONTOUX, 52 fig. — Prix. 1 fr. 50

Conserves alimentaires. Fruits, Légumes, Poissons et Viandes, par DE NOTER; 1 beau volume in-16, 67 figures. — Prix . . . . . . 3 fr.

Fabrication de l'alcool; Distilleries agricoles, par E. ROBINET et G. CANU; 1 vol. in-16, 55 figures, cartonné. — Prix 3 fr.

La Vaccination charbonneuse, d'après PASTEUR, par CH. CHAMBERLAND; in-8°, 10 figures, cartonnage toile. — Prix. . . . . 5 fr.

Aluminium.

L'Aluminium. Nouveaux procédés de fabrication. — Alliages. — Emplois récents de l'aluminium. — Par Ad. MINET, ingénieur-électricien; 2 volumes in-16, figures dans le texte. — Prix. . . . . 9 fr.

On vend séparément :

1re PARTIE : Fabrication. — Prix. . . . . 4 fr. 50

2e PARTIE : Alliages, Emplois. — Prix. . . . . 4 fr. 50

Ammoniaque

L'Ammoniaque, ses nouveaux Procédés de Fabrication et ses Applications. L'Ammoniaque. — Ses sels ammoniacaux. — Propriétés physiques. — Fabrication. — Travail des Eaux ammoniacales. — Analyse de l'Ammoniaque. — Des Sels ammoniacaux. — Des Matières premières. — Dosage dans les Eaux. — Applications. — Production et Consommation. — Brevets. — Par P. TRUCHOT, ingénieur-chimiste; in-16, figures. — Prix. . . . . 6 fr.

Architecture et Constructions.

Aide-Mémoire de poche de l'Architecte et de l'Ingénieur-Constructeur, pour le calcul des Constructions. — Formules usuelles. — Fondations. — Poutres. — Planchers en fer et en bois. — Calcul des Fermes. — Maçonnerie. — Hydraulique. — Électricité. — Chauffage. — Escaliers, etc. — Tables. — Par Ch. SÉE, ingénieur-architecte; 1 volume in-16, avec figures, cartonné, toile anglaise. — Prix. . . . . 4 fr. 50

Tables à l'usage des Constructeurs, donnant, par la connaissance de la corde et de la flèche, le rayon, l'angle au centre, etc. — Par L. SERGENT, in-12 (1882). — Prix. . . . . 1 fr. 50

Les Cheminées d'usines. Constructions. — Réparations, par Victor LEFÈVRE, ingénieur civil; 1 volume in-16 de 48 pages, avec 13 figures dans le texte. — Prix . . . . **1 fr. 50**

La Tour Eiffel de 300 mètres de l'Exposition Universelle. — Historique et Description; par Max de NANSOUTY, ingénieur 1 volume in-16 de 140 pages; nombreuses figures. — Prix. . . **2 fr. 50**

Arpentage.

Manuel pratique d'Arpentage et de levé des Plans, par G. DALLET, du Service géographique de l'Armée, 1 volume in-16, 73 figures dans le texte. — Prix. . . . . **4 fr.**

Automobiles (Voir CHAUFFEURS).

Manuel pratique du Constructeur d'Automobiles à pétrole, par Maurice FARMAN. — Un beau volume in-16, avec 65 figures dans le texte et un atlas de 20 planches in-4°, 1901. — Prix **9 fr.**

La fin de l'Exposition universelle a marqué l'entrée de l'automobilisme dans une seconde période qui permet enfin la publication d'un ouvrage mis au courant des derniers progrès accomplis et donnant, pour les plus importantes marques, les détails de construction de la voiture automobile et le montage du moteur.

Le livre de M. Maurice Farman sera aussi utile aux constructeurs et aux propriétaires qu'aux nombreux mécaniciens qui sont chargés journellement d'exécuter les réparations urgentes.

Manuel du Conducteur-Chauffeur d'Automobiles, par Maurice FARMAN. — Achat d'une Automobile. — Moteurs — Carburation — Allumage. — Transmissions. — Freins. — Essieux. — Roues. — Différents types : Panhard, Peugeot, Mors, Roger, Huguet, Gautier, de Dietrich. Moteurs Aster, Motocycles, etc. — Tricycles de Dion, Bollée, etc. — Excursions. — Réglementation. — In-16, 67 figures, 2me édition. — Prix. . . . **3 fr.**

Bière.

Manuel pratique de la Fabrication de la Bière, par P. BOULIN, chimiste-industriel; un gros volume in-16, avec figures dans le texte et une planche (plan d'une grande brasserie). — Préparation du malt. — Brassage. — Le moût. — Houblonnage. — Fermentation. — Levure. — Mise en levain, etc. — Les fûts. — Caves. — Clarification. — Diverses méthodes de brassage. — Analyse. — Falsification, etc. — Prix. **9** fr.

Tables du degré de fermentation et du rendement en extrait donnés immédiatement sans calcul, par Jean STAUFFER, professeur à l'École de brasserie de Munich. 1 grand volume in-8° de 964 pages. Cartonné toile. — Prix. . . . **10** fr.

Bois et Arbres.

Conservation des Bois. Séchage rapide, imputrescibilité et ininflammabilité des bois, par P. DUMESNY, in-16 avec figures, 1902. — Prix. **1** fr. **50**

Arbres fruitiers et la Vigne. Fumure. — Conduite. — Multiplication. — Variétés : Abricotier. — Amandier. — Cerisier, etc. — La Vigne. — Cépage, Culture, Accidents, Maladies, par P. D'AYGALLIERS, 48 figures. — Prix . . . . **3** fr.

Traité de Sylviculture générale. Culture, Aménagement et Gestion des Forêts, par Alexis FROCHOT, sous-inspecteur des Forêts. — 1 volume in-8°, 264 pages, 41 figures. — Prix . . . . **10** fr.

Bougies (Voir SAVONS).

Théorie et pratique de la Fabrication des Bougies, des Chandelles et Savons de Toilette, par Léon DROUX et V. LARUE, ingénieurs-chimistes ; in-8° de 592 pages, 108 figures dans le texte et un atlas de 19 planches in-4°, cartonnage toile anglaise.

Cet ouvrage doit être considéré comme un *vade-mecum* indispensable pour tous ceux dont l'industrie a pour base les matières grasses : fabricants d'acides gras, huiliers, stéariniers, chandeliers, savonniers et parfumeurs, etc. Sous une forme condensée, on y trouve, avec les renseignements les plus complets, les études théoriques et pratiques sur les matières premières, l'outillage, la fabrication, les progrès réalisés dans chacune de ces industries. — Prix. . . . . **20** fr.

Briques et Tuiles.

Guide du Briquetier : Briques, Tuiles, Carreaux, Tuyaux et autres produits en terre cuite, par Émile LEJEUNE, ingénieur-industriel ; 3me édition contenant 219 figures dans le texte. — Prix. **8** fr.

Fabrication des Briques et des Tuiles, suivie de la fabrication des pierres artificielles, des poteries communes, Porcelaines et Faïences, par MM. BONNEVILLE, JAUNEZ et SALVÉTAT, 3me édition, 29 figures et 11 planches, cartonné toile anglaise. — Prix. . . . . **10** fr.

Chaleur.

La Chaleur. Leçons élémentaires sur la thermométrie, la calorimétrie, la thermodynamique et la dissipation de l'énergie, par J. CLERK MAXWELL F. R. S., édition française d'après la 8me édition anglaise, par G. MOURET, ingénieur des ponts et chaussées, avec préface de M. A. POTIER, membre de l'Institut, in-16, figures dans le texte. — Prix. . . . . **6 fr.**

Chauffeurs (Voir AUTOMOBILES, MÉCANIQUE et MACHINES).

Catéchisme des Chauffeurs et des Machinistes, traitant de la législation, de la combustion, de l'entretien, de la conduite des machines, mise en marche, description des organes, arrêt, machines spéciales, chaudières, foyers, appareils de sûreté, etc., 5me édition, revue et augmentée d'un appendice, in-16, figures dans le texte.
Prix . . . . **1 fr. 50**

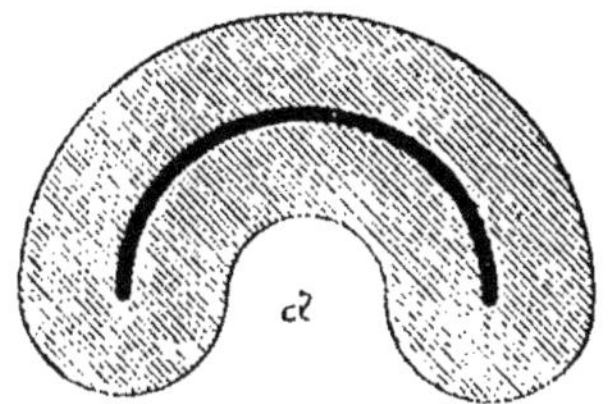

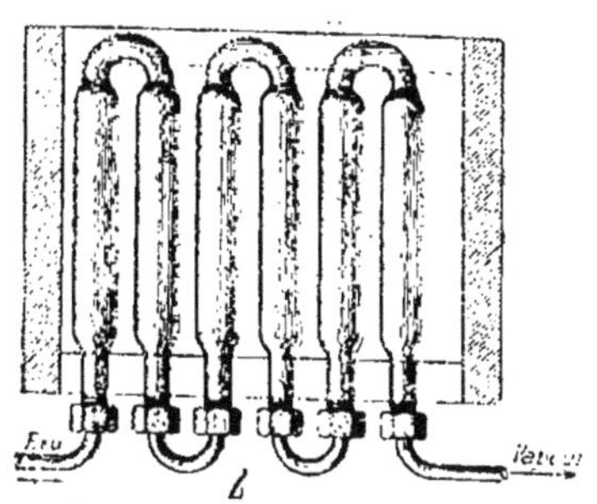

Coupe d'un tube de générateur Serpollet.
Raccord des tubes dans le générateur.

Chaux et Ciments (Voir BRIQUES ET TUILES).

Guide du Chaufournier et du Plâtrier, du fabricant de ciments, bétons et mortiers hydrauliques, par Émile LEJEUNE, ingénieur; 3me édition, 1 beau volume in-16, 59 figures dans le texte. — Prix . . . . . . **5 f.**

Chemins de fer.

Calcul des Voies. Partie théorique et Formules, par J. MARIDET, chef de section P.-L.-M., in-8°, 1876, — Prix réduit . . . . **2 fr. 50**

Chimie (Voir page 28).

Dictionnaire de Chimie industrielle, contenant toutes les applications de la Chimie à l'Industrie, à la Pharmacie, à la Métallurgie, à l'Agriculture, à la Pyrotechnie et aux Arts et Métiers, avec la traduction russe, anglaise, allemande, espagnole et italienne des principaux termes techniques, par M. A.-M. VILLON, ingénieur-chimiste, professeur de technologie chimique, ancien rédacteur en chef de *la Revue de Chimie industrielle,* et par M. P. GUICHARD, Président de la Société de Pharmacie Membre de la Société chimique de Paris, ancien professeur de Chimie et de Teinture à la Société industrielle d'Amiens; 3 beaux volumes in-4°, 2,300 pages, 1,200 figures. — Prix . . . . **75** fr.

On vend séparément :

Le tome Ier, **30** fr. — Le tome II, **25** fr. — Le tome III, **25 fr.**

Principes de Chimie, par DIMITRI MENDÉLÉEFF, professeur à l'Université de Saint-Pétersbourg (édition française), par MM. ACHKINASI et CARRION, avec préface par **M.** le professeur Armand GAUTIER, 2 vol. in-16 cartonnés.

TOME I. — L'étude de la chimie. — L'eau et ses combinaisons. — Composition de l'eau et hydrogène. — L'oxygène. — Ozone et peroxyde d'hydrogène. — Loi de Dalton. — Azote et air atmosphérique. — Composés hydrogénés de l'azote. — Molécules et atomes. — 1 vol. in-16, nombreuses figures, 585 pages. — Prix. . . . . **7** fr. **50**

TOME II. — Carbone et hydrocarbures. — Chlorure de sodium. — Les Halogènes : chlore, brome, iode, fluor. — Potassium, rubidium, cesium, lithium. — Capacité calorique des métaux. — Similitude des éléments et Loi périodique. 1 vol. in-16, figures dans le texte, 409 pages. — Prix. **7** fr. **50**

Chocolat.

Manuel pratique du Chocolatier. Le Cacaoyer et sa culture. — Examen et choix du cacao. — Aromates. — Fabrication du chocolat. — Mélange. — Broyage et finissage. — Installation d'une chocolaterie moderne. — Différentes sortes de chocolat. — Moulage et empaquetage. — Falsification. — Par L. DE BELFORT DE LA ROQUE; in-16, nombreuses fig. — Prix. **4** fr. **50**

Cidre.

Cidre, Poiré et Boissons économiques. Culture du pommier et du poirier, — Fabrication du Cidre et du Poiré. — Maladie du Cidre, Remèdes. — Eaux-de vie — Vinaigre. — Conservation des fruits. — Vins de Dattes, Figues, Poires, Pommes tapées. — Vins de fruits frais : Cerises, Prunes, Framboises, Groseilles, etc., 24 fig., par E. RIGAUX. **1** fr. **50**

Combustibles (Voir GAZ).

Étude sur les Combustibles en général et sur leur emploi au chauffage par les gaz, par M. LENCAUCHEZ, ingénieur civil; 1 vol. grand in-8°, 344 pages, 55 fig. dans le texte et un atlas de 31 pl. in-folio. — Prix. **16** fr.

Comptabilité.

Traité général théorique et pratique de Comptabilité commerciale, Industrielle et administrative, par G. OPPELT. — Ouvrage adopté pour l'Enseignement. 1 volume in-8° (1876), 367 pages. — Prix réduit . . . . **4** fr.

Conserves.

Manuel des Conserves alimentaires. Fruits, Légumes, Poissons, Gibier et Animaux de boucherie, in-16, nombreuses figures, 1902, par R. DE NOTER. — Prix . . . . . . 3 fr.

Spécimen des figures : Autoclave. Appareil domestique pour la cuisson des conserves pour restaurants, hôtels, châteaux, etc.

Corderie.

Fabrication des Cordes, Câbles, Ficelles et Filins. Fabrication à la main et fabrication mécanique. — Matières textiles. — Variétés. — Goudronnage. — Cordes en chanvre. — Chanvre de Manille. — Essai des cordages. — Chanvre de corderie. — Défibrage des vieux câbles. — Cordes de fantaisie, etc. — Par Alfred RENOUARD, manufacturier à Lille; in-8°, 44 figures. — Prix. . . . . 10 fr.

Corps gras.

Les Corps gras. Huiles végétales, non-siccatives, siccatives. — Huiles animales. — Graisses végétales. — Graisses animales. — Suifs. — Cires. — Matières grasses minérales. — Lubrifiants, etc. — Par A.-M. VILLON, ingénieur-chimiste, in-16, figures dans le texte. (2me tirage). — Prix. . 6 fr.

Le Frottement, le Graissage des Machines et les Lubrifiants, par R. H. THURSTON, professeur à l'Université de New-York, 2me édition française; 1 vol. in-16, avec figures dans le texte. — Prix. . . . . 4 fr.

Couleurs (Voir TEINTURE).

Manuel pratique de la Fabrication des Couleurs. Matières premières employées dans la préparation des couleurs, essences et vernis, par MM. R. LEMOINE et Ch. DU MANOIR; 1 beau volume in-8°, 360 pages. — Prix. . . . . 6 fr.

L'ouvrage que nous présentons au public est le plus complet qui ait été fait jusqu'à ce jour; les documents et les matériaux dont nous nous sommes entourés ont été puisés aux sources les plus sûres, nos expériences personnelles nous ont permis d'écarter de la pratique tout ce qui n'offrait pas une garantie suffisante. Nous avons évité l'emploi des termes scientifiques, ayant moins en vue de faire une œuvre de savant que d'être utile à ceux qui emploient journellement les couleurs.

Nous espérons avoir rendu service à tous ceux qui s'occupent de la couleur, à quelque titre que ce soit, et qu'ils nous sauront gré de la publication de ce travail.

anuel pratique de la Fabrication des Al

Eaux.

Manuel pratique d'Analyse micrographique des Eaux, par P. FABRE-DOMERGUE, directeur du Laboratoire de Zoologie maritime; in-16, 10 fig. — Prix. . . . . 1 fr. 50

École Centrale des Arts et Manufactures.

(Portefeuille des Travaux de Vacances, voir deuxième partie du Catalogue.)

Électricien. — Manuels d'Électricité. — Lumière Électrique.

Manuel pratique du Monteur-Electricien. Le Mécanicien-chauffeur-électricien. — Montage et conduite des installations électriques, etc., par J. LAFFARGUE, ingénieur-électricien, attaché au service municipal de contrôle des Sociétés d'électricité de la Ville de Paris. — Petit in-8°, reliure anglaise, environ 1000 pages, 700 figures et 5 planches en couleurs — Sixième édition 1903. — Prix. . . . . 10 fr.

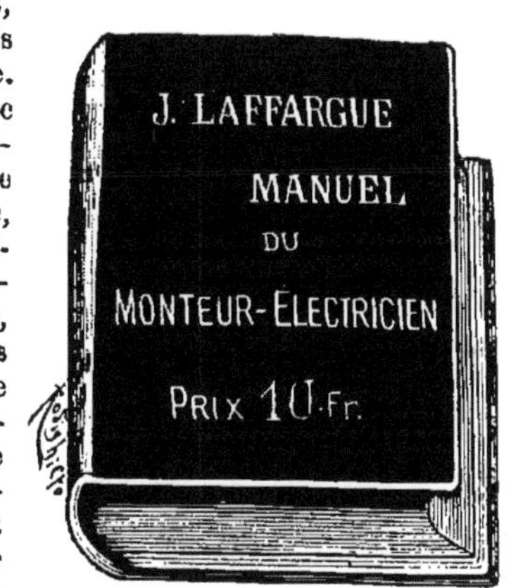

Cet ouvrage rendra d'éminents services, d'abord aux monteurs et aux chauffeurs, mais aussi aux ingénieurs et aux chefs d'industrie. Aucun ouvrage analogue ne peut lui être comparé. Il y a abondance de livres sur l'électricité, mais, aucun que nous sachions, ne groupe dans un exposé aussi méthodique, aussi clair, autant de renseignements pratiques. C'est là l'originalité de l'ouvrage. L'auteur, comme on dit, met la main à la pâte, et il ne craint pas d'insister sur les menus détails. Avec lui, on ne se contente pas de la théorie, on fait du métier. Sous sa direction, on devient vite expert dans l'art de manier les machines, les distributeurs électriques et leurs accessoires. Au fond il s'agit d'un cours d'électricité industrielle fait par un ingénieur très compétent. M. Laffargue a professé ce cours depuis des années à la fédération professionnelle des chauffeurs de France et d'Algérie; plus que personne, il a compris comment il fallait s'y prendre pour familiariser ses auditeurs avec les petites difficultés d'ordre pratique qui gênent les débutants, aussi a-t-il réussi à écrire un livre que nous ne craignons pas de qualifier de « modèle du genre ».

Ce Manuel est d'ailleurs complet sous sa dernière forme. Production de l'énergie, dynamos à courants continus alternatifs, polyphasés, accumulateurs, transformateurs, appareils de mesure, canalisations, installations publiques et privées, etc. N'insistons pas davantage. Ce qu'il importe que l'on sache, c'est qu'il existe maintenant un manuel, un vrai guide pratique du monteur, un *vade-mecum* de l'électricien. Ce livre rendra de véritables services à l'industrie.

Les Lampes électriques. Régulateurs. — Incandescence, par P. D'URBANITZKI. — Deuxième édition française, revue et augmentée, par Georges FOURNIER, ingénieur-électricien. — Un beau volume in-16 de 250 pages avec 126 figures dans le texte. — Prix. . . . . . . 4 fr 50

Manuel pratique de l'installation de la Lumière électrique, par J.-P. ANNEY, ingénieur-électricien.

1re partie. — Installations privées. — Troisième édition. — 1 beau volume in-16 de 344 pages, avec 135 figures dans le texte. — Prix. . . . . . 5 fr.

2me partie. — Stations centrales. — 1 beau volume in-16, avec 99 figures dans le texte et 10 planches dont 8 en couleurs. — Prix . . . . . . 7 fr.

EXTRAIT DE LA TABLE DES CHAPITRES.—1er volume.—*Installations privées*, avec 135 figures dans le texte. — Règles générales d'installation. — Moteurs. — Machines électriques. — Installation des machines et leur entretien. — Accumulateurs — Lampes à arcs. — Bougies. — Lampes à incandescence. — Appareils de mesure. — Appareils de sécurité et de contrôle. — Interrupteurs et commutateurs. — Régulateurs de courant. — Tableaux de distribution. — Conducteurs. — Installations et canalisations. — Installations particulières.

2me volume. — *Stations centrales*, avec 99 figures dans le texte et 10 planches. — Distributions de courant. — Distributions à haute tension. — Distributions par transformateurs à courants continus. — Distributions par transformateurs à courants alternatifs. — Compteurs. — Etablissement des usines. — Établissement du réseau. — Installations intérieures chez les abonnés.

L'Électricité dans la Maison moderne, par Ernest COUSTET, ingénieur-électricien. — Production du courant. — Éclairage. — Chauffage. — Moteurs domestiques. — Assainissement. — Sonneries. — Horloges. — Téléphone. — Paratonnerres. — 1 fort volume in-16, avec 185 figures (1900). — Prix cartonné. . . . . 4 fr. 50

Câbles d'Éclairage électrique et Distribution de l'Électricité, par STUART A. RUSSEL. — Traduit avec l'autorisation de l'auteur par G. FORMENTIN. — 1 fort volume in-16, avec 107 figures dans le texte. — Prix . . . . 6 fr.

Aide-Mémoire de l'Ingénieur-Électricien. Recueil de tables, formules et renseignements pratiques à l'usage des électriciens, par G. DUCHÉ, B. MARINOVITCH, E. MEYLAN et G. SZARVADY. — Sixième tirage, augmenté par P. JUPPONT, ingénieur des Arts et Manufactures. — 1 beau volume in-16, nombreuses figures intercalées dans le texte, cartonnage anglais. Prix . . . . 6 fr.

Catéchisme d'Electricité pratique. Premières leçons à la portée de tous. — Électricité statique. — Magnétisme. — Unités et Mesures. — Piles. — Accumulateurs. — Machines dynamo et magnéto-électriques. — Lampes et Éclairage. — Téléphonie. — Sonneries. — Par Ernest SAINT-EDME, ancien professeur de physique à l'École Turgot. — 1 volume in-16 avec 73 fig., cartonné, deuxième édition. — Prix. . . . . **2 fr. 50**.

TABLE DES CHAPITRES. — Chapitre I. Généralités sur l'électricité statique. — Chapitre II. Magnétisme. — Chapitre III. Unités et Appareils de mesure. — Chapitre IV. Les Piles électriques. — Chapitre V. Accumulateurs. — Chapitre VI. Les Machines magnéto et dynamo-électriques. — Chapitre VII. L'Éclairage et les Lampes électriques. — Chapitre VIII. Tableaux de distribution; conducteurs; installations de lignes. — Chapitre IX. Téléphonie. — Chapitre X. Sonneries électriques.

L'Électricité industrielle à la portée de tous, par CL. CRÉCHET, Ingénieur, Professeur du cours d'électricité de la Ville du Havre. — 1 beau volume in-8°, 325 pages, 224 figures. — Prix. **2 fr. 50**

Petit Guide du Constructeur-Électricien, par E. KEIGNART. — 1 vol. in-18 de 86 pages avec 50 fig. dans le texte. — Prix. **1 fr.**

Les Compteurs d'Électricité, par Ernest COUSTET. 1 beau volume in-16 avec 56 figures dans le texte. — Prix. . . . . . . **2 fr. 50**

Dégagé de principes abstraits et de calculs compliqués, cet ouvrage a été rédigé de façon à être accessible à tous. Il pourra être mis utilement entre les mains du monteur chargé de placer les compteurs, de les régler, de les vérifier et de les nettoyer. L'employé qui recueille chaque mois les indications des totalisateurs, en vue du calcul de la dépense, le consultera avec fruit. Enfin, l'abonné lui-même pourra y trouver des notions intéressantes, lui permettant de se rendre compte de la marche du compteur installé chez lui, de reconnaître si les factures qui lui sont présentées correspondent bien aux indications des cadrans et de vérifier si ces dernières sont exactement en rapport avec sa consommation effective.

Électrolyse (Voir GALVANOPLASTIE.)

L'Électrolyse et l'Électro-Métallurgie, par Edouard JAPING, ingénieur-électricien. — Troisième édition française, augmentée d'un appendice sur l'électro-métallurgie à l'exposition de 1900, par L. GUILLET, ingénieur-chimiste, 1 volume in-16 illustré de nombreuses figures dans le texte. — Prix . . . . **4 fr.**

Encres et Cirages.

Fabrication des Encres et Cirages. *Encres à écrire, à copier, métalliques, à dessiner, lithographiques. — Cirages, vernis et dégras.* — Encres à écrire. — Matières premières. — Constitution chimique. — Fabrication des encres à l'acide tannique. — Encres à l'acide gallique. — Encres au campêche. — Encres au sesquioxyde de fer. — Encres à l'alizarine. — Encres de matières extractives. — Encres à copier. — Encres hectographiques. — Encres de sûreté. — Extraits d'encres et encres en poudre. — Conservation de l'encre. — Encres de couleur. — Encres métalliques. — Encres solides. — Encres et crayons lithographiques. — Crayons autographiques. — Crayons d'encre. — Crayons de couleur. — Encres à marquer. — Encres spéciales. — Encres sympathiques. — Encres pour timbres et tampons. — Bleu d'azurage du linge. — Fabrication du cirage pour chaussures, des vernis, et de la graisse pour le cuir. — Fabrication du noir d'os. — Fabrication du dégras. — Édition française, par DESMAREST, d'après LEHNER et BRUNNER. — 1 volume in-16 de 345 pages. — Prix. . . . 5 fr.

Fécule.

Fabrication de la Fécule et de l'Amidon, par J. FRITSCH, chimiste ; in-16 avec 112 figures. — Prix. . . . . 6 fr.

Filets de pêche.

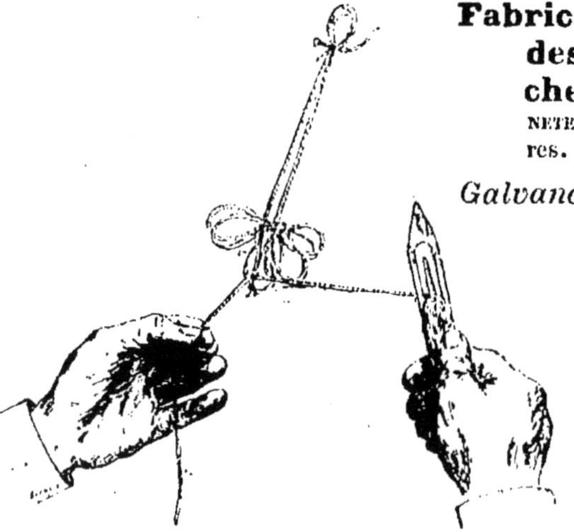

Fabrication des filets de pêche.

Fabrication et Emploi des Filets de Pêche, par le commandant VANNETELLE ; 1 vol. in-16, 64 figures. — Prix . . . . . . 3 fr.

Galvanoplastie (Voir ÉLECTROLYSE).

Manuel de Galvanoplastie. Dorure, argenture, cuivrage, nickelage, étamage, par Georges BRUNEL ; 1 volume in-16, avec 28 fig. dans le texte. — Prix . . . 4 fr.

Galvanoplastie — Décomposition électrolytique. — Appareils. — Sources d'électricité. — Piles. — Machines dynamos. — Accumulateurs. — Préparation des surfaces. — Moulage. — Métallisation. — Mise au bain. — Galvanotypie.

Électrochimie. — Préparation des surfaces. — Décapages. — Dorure à froid, à chaud. — Dédorage. — Extraction de l'or des vieux bains. — Argenture. — Conduite de l'opération. — Résumé des opérations. — Désargenture. — Extraction de l'argent des vieux bains. — Argenture des miroirs et des glaces. — Cuivrage. — Laitonisage. — Nickelage. — Préparation des pièces. — Conduite de l'opération. — Dénickelage. — Divers métaux. — Zingage. — Ferrage et aciérage. — Platinage. — Aluminiage. — Plombage. — Étamage. — Antimoniage. — Cobaltisage.

Dépôts métalliques par simple immersion. — *Finissage des pièces.*— *Procédés, Recettes et tours de main.* — Dorure au trempé. — Dorure de l'aluminium. — Argenture au trempé. — Cuivrage au trempé. — Étamage au trempé. — Antimoniage au trempé. — Ors de couleur. — Argent et vieil argent. — Epargnes. — L'anthropoplastie galvanique. — Formules et procédés utiles. — Recettes diverses.

La Galvanoplastie. Histoire et procédés. — Dorure. — Argenture. — Nickelage. — Photogravure sur zinc et cuivre à la portée des amateurs ; par Paul Laurencin. — 1 volume in-16, 5me édition, cartonné. — Prix. **3** fr.

Gaz (Voir Combustibles).

Études sur divers Gaz combustibles, par A. Lencauchez, ingénieur civil.

1re partie. — Usages industriels et principalement pour la production de la force motrice; 120 pages, 2 planches, 33 figures, 1890. — Prix. . **3** fr.

2me partie. — Production des gaz, des gazogènes et des hauts-fourneaux, épuration et emploi par les moteurs à gaz; 116 pages, 4 planches, 10 figures, 1902. — Prix . . . . **3** fr.

Géodésie.

Manuel pratique de Géodésie, par G. Dallet, du Service géographique de l'Armée; in-16, figures dans le texte. — Prix. . . **4** fr.

Goudrons.

Étude sur les Goudrons et leurs nombreux Dérivés, par Knab, ingénieur-chimiste, grand in-8° de 102 pages avec 8 fig. (1884).— Prix. . . . . **3** fr.

Horlogerie.

L'Horlogerie électrique, par A. TOBLER, professeur à l'École polytechnique de Zurich. Édition française revue et augmentée, par L. DE BELFORT DE LA ROQUE, ingénieur civil. — Un volume in-16, avec 65 figures dans le texte. — Prix. . . . . 3 fr.

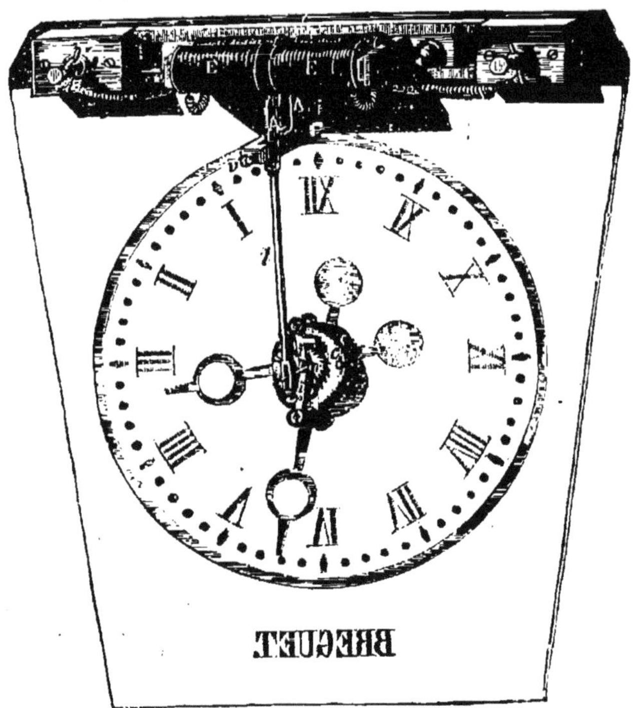

Horloge électrique, système BRÉGUET.

TABLE DES MATIÈRES. — Unités de mesures. — Unités fondamentales, système C. G. S. — Unités géométriques. — Unités mécaniques. — Unités électro-magnétiques. — Introduction. — Appareils à cadrans sympathiques et régulateurs. — Horloges de Wheatstone, Bain, Garnier, Stohrer, Fritz, Bréguet, Siemens et Halske, du chemin de fer de Droz, de Houdin-Callaud et Mildé, Gloesener, Hipp. Arzberger. — Appareil de contact à mercure de Leclanché et Napoli, et de E. Lias. — Remise à l'heure. — Systèmes de Bréguet, de Collin. — Réglages des horloges à Berlin, à Paris. — Système de Barraud et Lund. — Système de Hipp. — Horloges à pendules électriques de Liais et de Kramer. — Horloge à pendule de Hipp. — Horloge de Schweizer. — Pendules à remontoir électrique. —

Pendules à remontoir Mouilleron et Anthoine. — Pendule de Callaud. — Horloge de M. Bréguet. — Pendule électrique à remontoir et à sonnerie, système Japy frères et Cie. — Horloges électriques, système Château. — Horloges à remontage électrique.

Houille.

La Houille. Epuration, criblage, triage et lavage de la houille, par A. Burat, ingénieur, professeur à l'École centrale des Arts et Manufactures; in-4° avec 8 planches in-folio (1881). — Prix. . . . . **10 fr.**

Ingénieur.

Carnet de l'Ingénieur. Recueil de tables, de formules et de renseignements usuels et pratiques sur l'industrie, chimie, physique, mécanique, machines à vapeur, hydraulique, résistance, frottements, etc., à l'usage des ingénieurs, des constructeurs, des architectes, des chefs d'usines, des mécaniciens, des directeurs et conducteurs de travaux, des agents-voyers, des manufacturiers et des industriels; par une réunion d'ingénieurs et de savants français et étrangers (Carnet Lacroix); 1 volume in-16, relié toile, format de poche, 400 pages petit texte compact, avec nombreuses figures, etc. — 53me tirage. — Prix. . . . . **4 fr. 50**

Irrigations.

Irrigations du Midi de l'Espagne, par M. Aymard, ingénieur des ponts et chaussées; in-8°, 320 pages et atlas de 16 planches in-fol. — Publié à 30 fr. (1864). — Prix. . . . . **18 fr.**

Tout le monde sait que des résultats merveilleux ont été obtenus dans le Midi de l'Espagne, contrée autrefois aride et dévastée par les torrents; mais peu de personnes connaissent les travaux qui ont amené ces résultats, et pourraient dire par quelles combinaisons administratives on a pu grouper et réunir en faisceau toutes les volontés qui ont concouru à créer l'état de choses existant et qui concourent à le maintenir et à l'améliorer.

L'ouvrage de M. Aymard est tellement rempli de faits et présente, sur une foule de points, des renseignements si détaillés et si étendus, qu'il est presque impossible de l'analyser. Il donne une description détaillée des travaux à l'aide desquels on a créé les irrigations. L'auteur a aussi consacré un chapitre fort complet à l'alimentation des villes qu'il a visitées.

Laine.

Travail des Laines cardées. Cardage et filage, par A. Lohrisch, édition française, par H. Danzer, ingénieur; in-8°, 86 pages et 52 figures. Prix. . . . . **3 fr.**

Lait.

Laiterie, Beurre et Fabrication des Fromages. Lait. — Analyse. — Conservation. — Écrémage. — Barratage. — Conservations. — Fromages mous, frais, affinés, cuits, etc., par E. Rigaux, professeur à l'École d'Agriculture de Mende, 320 pages, 73 figures. — Prix . . . **3 fr.**

Laminage.

Manuel pratique de Laminage du Fer. Principe du laminage. — Influence du diamètre des cylindres. — Influence de la vitesse. — Influence de la nature, de l'état calorique et de la manière dont on présente le fer aux cylindres. — Applications des principes du laminage. — Classement des trains de laminoirs. — Règle du tracé des cannelures. — Classification des trains de laminoirs. — Trains de puddlage. — Gros train n° 1. — Gros train n° 2. — Train cadet. — Train à guides. — Train mixte — Train machine. — Généralités sur les cylindres. — Classification des cylindres. — Lignes des cannelures. — Entrée des cannelures. — Sortie des cannelures. — Guidage des cylindres. — Levage des cylindres. — Montage des cylindres dans les cages. — Guidage du fer à l'entrée et à la sortie des cylindres. — Tracé des cannelures.

Acier : Dégrossisseurs ogives. — Dégrossisseurs carrés. — Mises du puddlage. — Fers plats. — Gros ronds. — Gros carrés. — Feuillards. — Fers en U. — Fers à T doubles-cornières. — Fers à simple T — Fers à paumelles. — Fers zorès. — Rails. — Fers à bourrelets. — Fers demi-ronds. — Vitrages et demi-vitrages. — Fers à nœuds pour crampons. — Petits carrés aux guides. — Petits ronds droits aux guides.

Par F. NEVEU et L. HENRY, ingénieurs-métallurgistes; 1 volume in-16, avec 6 figures et 10 tableaux et atlas de 117 planches in-folio. — Prix. . **40** fr.

Mécanique et Machines (Voir CHAUFFEURS).

Éléments proportionnels de Construction mécanique, disposés en séries propres à faciliter l'étude et l'exécution des diverses pièces détachées des constructions mécaniques, par D.-A. CASALONGA, ingénieur civil, ancien élève des Arts et Métiers; 1 vol. cartonné, grand in-4°, comprenant un texte et 64 planches. — Prix . . . . **25** fr.

Le but de cet ouvrage est de permettre de déterminer rapidement par une simple lecture et d'une façon précise, les dimensions des divers détails d'une construction mécanique donnée.

Il se compose d'un texte et de planches comprenant les figures des pièces étudiées et divers tableaux donnant toutes les dimensions des séries les plus employées.

Cet ouvrage contient 2,405 séries et 37,734 dimensions diverses.

Les dessinateurs-mécaniciens, les chefs de travaux ou de bureaux de dessin, les ingénieurs pour la construction, trouveront un aide efficace et un contrôle sûr dans la possession de ces documents, où ils puiseront les détails des projets dont ils auront déterminé les conditions principales.

Catéchisme des Chauffeurs et des Machinistes. Législation. — Combustion. — Conduite. — Entretien. — Mise en marche. — Organes, etc., 5me édition revue et augmentée, in-16, figures dans le texte. Prix . . . . **1** fr. **50**

Des Régulateurs appliqués aux Machines à vapeur par V. LEBEAU, in-8°, 19 figures (1890). — Prix . . . . **2** fr.

Manuel de l'Ouvrier Mécanicien. 8 volumes in-16 avec nombreuses figures dans le texte, par M. Georges Franche, ingénieur-mécanicien (Arts et Métiers, E. C. P).

1re Partie. — *Principes de Mécanique générale :* Statique, Cinématique, Dynamique, Théorie de la chaleur. Un vol. in-16 cartonné, 95 figures. Prix . . . . 2 fr.

2me Partie. — *Outils, Machines-Outils* : Travail du bois. — Travail des métaux. — 1 volume in-16 cartonné, 79 figures. — Prix. . . . . . . 2 fr.

3me Partie. — *Forge et Fonderies* : Travail du fer. — Travail du cuivre. — 1 volume in-16 cartonné, 143 figures. — Prix . . . . 2 fr.

4me Partie. — *Engrenages et Transmissions* : Engrenages cylindriques, coniques, hélicoïdaux. — Transmissions fixes. — Arbres. — Poulies. — Flexibles, in-16, cartonné, 88 figures. — Prix . . . . 2 fr.

5me Partie.— Boulons, Rivets, Chaudronnerie.
6me — Machines à vapeur;
7me — Moteurs à gaz, pétrole et alcool.
8me — Hydraulique.
} *En préparation.*

Cours de Chaudières et de Machines à vapeur. Théorie et pratique, par L. Poillon, ingénieur-mécanicien (1877) avec supplément (1879), 2 beaux volumes in-8°, 687 pages et 14 planches. — Publié à **30** fr. — Réduit à . . . . **7** fr. **50**

Meunerie.

Manuel pratique de Meunerie. Meules et Cylindres. — Les céréales.—Mouture.—Les farines.—Par A. Larbalétrier, professeur à l'École d'agriculture d'Oraison et de L. de Belfort de La Roque, ingénieur-chimiste; 1 fort volume in-16, figures dans le texte. — Prix . . . . **6** fr.

Mines. — Minéralogie. — Lithologie (Voir Sondages).

Manuel pratique du Prospecteur. — Guide du prospecteur et du voyageur pour la recherche des métaux et des minéraux précieux, par J.-W. Anderson. — Édition française, d'après la huitième édition anglaise, par J. Rosset, ingénieur civil des Mines. — In-16, 73 figures dans le texte (1901). Prix : cartonné toile, **5** fr.; broché. . . . . **4 fr. 50**

Cours de Minéralogie professé à l'École Centrale, par de Selle, professeur à l'École Centrale. — Minéralogie : phénomènes actuels. Les dix-huit premiers chapitres traitent des phénomènes qui ont bouleversé notre globe; les chapitres suivants traitent de la minéralogie et donnent la description de toutes les espèces et variétés minérales considérées comme indiscutables et classées par familles; 1 fort volume de 585 pages in-8° et 1 atlas de 147 planches comprenant 978 figures et 27 tableaux. (Publié à 25 fr.). — Prix. . . . . **7 fr. 50**

Lithologie du fond des Mers, publié sous les auspices de MM. les Ministres de la Marine et des Travaux publics, par M. DELESSE, ingénieur en chef des Mines, professeur à l'École des Mines. — 1 volume in-8°, 480 pages de texte; 1 volume de 136 pages de tableaux et un atlas de 4 planches in-folio, en couleurs (Publié à 35 francs). — Prix . . . 7 fr. 50

Navigation.

La Navigation Sous-Marine. Bateaux sous-marins historiques. Bateaux sous-marins actuels ; par A.-M. VILLON. — 1 vol. in-16, 11 figures. — Prix . . . . 1 fr. 50

Or.

L'Or. Gîtes aurifères. Extraction de l'Or. Traitement du minerai. — Emplois et analyse de l'or. — Vocabulaire des termes aurifères. — Par H. DE LA COUX, ingénieur-chimiste; 1 beau volume in-16, nombreuses figures dans le texte. — Prix. . . . . 5 fr.

Parfumerie.

Manuel du Parfumeur. Odeurs, essences, extraits et vinaigres de toilette, poudres, sachets, pastilles, émulsions, pommades, dentifrices; par W. ASKINSON; 2me édition française, par G. CALMELS. — Histoire de la parfumerie. — Matières odorantes en général. — Matières odorantes extraites du règne végétal. — Matières animales. — Produits chimiques. — Préparation des matières odorantes. — Des falsifications des huiles essentielles. — Essences et extraits. — Parfumerie proprement dite. — Parfums de mouchoirs. — Parfums ammoniacaux. — Des parfums secs. — Pastilles fumigatoires. — Parfumerie cosmétique et hygiénique. — Préparation des émulsions, des poudres, des pâtes, du lait végétal et des crèmes. — Des préparations employées pour l'hygiène des cheveux et de la bouche. — Parfumerie cosmétique. — Fards et produits servant à embellir la peau. — Préparation pour colorer les cheveux et préparations épilatoires. — Cires, bandolines et brillantines. — Des couleurs employées en parfumerie. — 1 fort volume in-16 avec 30 figures dans le texte. — Prix . . . . 6 fr.

Les Huiles essentielles, par E. GILDEMEISTER et FR. HOFFMANN. Traduction par A. GAULT, avec préface de A. HALLER, professeur à l'Université de Paris. — Historique des procédés et appareils distillatoires. — Préparation des huiles par la distillation. — Principes constituants. — Essai des huiles essentielles. — Plantes d'où l'on tire les huiles essentielles. — Origine, production, propriétés. — Composition et commerce des huiles essentielles. 1 vol. in-8°, 868 pages, avec 84 gravures et 2 cartes 1900, 1/2 reliure avec coins tranches marbrées . . . . 25 fr.

Phonographe.

Le Phonographe et ses applications, par A.-M. VILLON, ingénieur. — 1 volume in-16, avec 36 figures dans le texte. — Prix. 2 fr.

Photographie.

Photographie. Encyclopédie de l'Amateur-Photographe, par MM. G. Brunel, P. Chaux, E. Forestier et A. Reyner : 10 volumes in-16, près de 500 figures dans le texte. — Prix (les 10 volumes dans un élégant étui) . . . . **20** fr.

On vend séparément chaque volume. . . . . **2** fr.

Voici les titres des volumes et l'analyse des matières que chacun renferme. On pourra ainsi juger du plan adopté pour cette *encyclopédie* appelée, croyons-nous, à rendre les plus grands services, aussi bien aux débutants qu'aux amateurs exercés.

N° 1. — **Choix du matériel et installation du laboratoire.** — Ce que c'est que la photographie. — Théorie abrégée. — Formation des images. — Image latente. — Corps sensibles, leur révélation. — Termes photographiques. — Différents appareils. — Les diaphragmes, les obturateurs. — Le laboratoire élémentaire ou complet, comment on l'installe. — Les accessoires. — Les produits, leur conservation. — Conditions hygiéniques du laboratoire, par G. Brunel et E. Forestier. — Prix . . . . . **2** fr.

N° 2. — **Le sujet. — Mise au point. — Temps de pose.** — Classement des opérations. — Choix du sujet. — Son éclairage. — Station et mise au point. — Le temps de pose. — Composition des vues, par G. Brunel. — Prix . . . . **2** fr.

N° 3. — **Les clichés négatifs.** — Les plaques sensibles. — Les pellicules. — Mise en châssis. — Le développement. — Les révélateurs, leur action. — Choix de révélateurs. — Formules simples et précises. — Les révélateurs à un bain, à deux bains. — Les révélateurs automatiques. — Fixage. — Lavage. — Alunage. — Séchage. — Vernissage. — Conservation des négatifs. — Répertoire des clichés. — Par G. Brunel et E. Forestier. — Prix . . . . **2** fr.

N° 4. — **Les épreuves positives.** — Les épreuves positives. — La préparation du papier sensible. — Différents papiers fournis par l'industrie. — Différents bains. — Les viro-fixateurs. — Virage, fixage. — Lavage, séchage. — Finissage. — Collage, montage, satinage. — Préparation d'un album. — Par G. Brunel. — Prix. . . . . **2** fr.

N° 5. — **Les insuccès et la retouche.** — Mauvais négatifs, mauvais positifs ; causes, discussions, recherches. — Moyens d'éviter les insuccès — Remèdes. — Bains compensateurs. — La retouche des clichés et des photocopies. — Par G. Brunel. — Prix. . . . . **2** fr.

N° 6. — **La photographie en plein air.** — Appareils spéciaux. — Détectives et jumelles. — La photographie instantanée. — Les sujets, conditions qu'ils doivent remplir. — La pose. — Les opérations de laboratoire. — La photographie scientifique, topographique, ethnographique, beaux-arts, par G. BRUNEL et P. CHAUX. — Prix . . . . **2** fr.

N° 7. — **Le portrait dans les appartements.** — Disposition et éclairage. — Les objectifs. — La mise au point. — Les écrans. — La pose et le maintien du modèle. — Différents procédés. — Conduite des opérations, par A. REYNER. — Prix . . . . **2** fr.

N° 8. — **Les agrandissements et les projections.** — Les agrandissements et les réductions. — Les projections. — Les positifs sur verre. — Épreuves sur opale. — Épreuves artistiques, par G. BRUNEL. — Prix. . . . . **2** fr.

N° 9. — **Les objectifs et la stéréoscopie.** — Quelques notions d'optique. — L'objectif photographique. — Différentes formes. — Classement. — Défauts, qualités. — Choix des objectifs. — Essai des objectifs. — Détermination et comparaison de la valeur des objectifs. — La photographie stéréoscopique, par G. BRUNEL. — Prix. . . . . **2** fr.

N° 10. — **La photographie en couleurs.** — Positifs colorés sur verre et sur papier, monochromes et polychromes. — Les différents tons pouvant être obtenus à l'aide du bain de virage. — La photographie des couleurs. — La photominiature et la photopeinture, par G. BRUNEL. — Prix . . . . **2** fr.

Nouveau traité complet de Photographie pratique, contenant les découvertes les plus récentes, par A. LIÉBERT, artiste photographe à Paris ; 4me édition augmentée d'un appendice théorique et pratique sur le gélatino-bromure, 1 beau volume in-8° de 700 pages, 77 figures et 18 photographies, cartonnage élégant, toile anglaise avec plaque spéciale (1884, publié à 25 fr.). — Prix. . . . . **12** fr. **50**

Guide du Photographe et de l'Amateur Photographe, par PAUL FABRE-DOMERGUE, 1 volume in-16, 128 pages, 48 figures, couverture ornée d'une épreuve instantanée. — Prix. . . . . **3** fr.

Piles (Voir ACCUMULATEURS-ÉLECTROLYSE).

Les Piles électriques et les Piles thermo-électriques, par W. HAUCK. — Troisième édition française, par G. FOURNIER, ingénieur-électricien. — 1 fort volume in-16, orné de 71 fig. dans le texte. — Prix . . . . **4** fr. **50**

Radiographie.

Manuel pratique de Radiographie. Pratique des rayons X, par G. BRUNEL. — 1 volume in-16, 56 figures, 3me édition. .— Prix. **1** fr. **50**

Savons (Voir Bougies).

Manuel pratique du Savonnier. *Savons communs, savons de toilette, mousseux, transparents, médicinaux, pâtes et émulsions, analyse des savons*, par MM. Calmels et Wiltner, chimistes.

Extrait de la Table des Chapitres : Historique des savons. — Réaction fondamentale de la saponification. — Des matières employées pour la fabrication des savons. — Préparation des lessives alcalines. — Fabrication du savon. — De la saponification en général. — Classification des savons. — Fabrication des

Machine à mouler les savons.

diverses sortes de savons. — Savons médicinaux. — Moulage des savons. — Tableaux de cuisson. — Fabrication des savons par la vapeur. — Fabrication des savons de toilette. — Préparation de la masse destinée à la fabrication des savons de toilette. — Description des machines employées pour la fabrication des savons de toilette. — Couleurs et substances colorantes. — Recettes pour la préparation des savons de toilette. — Analyse des savons. — 1 volume in-16, 26 figures dans le texte. — Prix. . . . . **4 fr.**

Soie.

Manuel pratique de la Soie. Éducation des vers. — Filage des cocons. — Cuite. — Assouplissage. — Blanchiment. — Filature des déchets. — Moulinage. — Conditionnement des soies. — Teinture et dorure de la soie. — Par A. Villon, ingénieur à Lyon ; 1 fort volume in-16, nombreuses figures dans le texte. — Prix. . . . . **6 fr.**

Sondages (Voir MINES).

Manuel pratique de Sondages. Études et recherches souterraines par sondages à de faibles profondeurs, par Ed. LIPPMANN, ingénieur civil. — 1 vol. in-16, avec 5 planches (1901). Prix, cartonné . . . . 4 fr. 50

Sonneries Electriques.

Les Sonneries électriques. Installation et entretien, par Georges FOURNIER, ingénieur-électricien, d'après O. CANTOR. — Quatrième édition. — 1 volume in-16, avec 59 figures dans le texte. — Prix . . . . . 2 fr. 50

EXTRAIT DE LA TABLE DES MATIÈRES. — Préface. — Unités électriques. — Introduction. — Les sonneries électriques employées aux usages domestiques. — Les appareils avertisseurs automatiques. — Installation et pose des circuits et appareils. Règles à observer. — Exemple de pose et d'installation. — Calcul des intensités de courant nécessité dans la pratique. Exemples. — Les sonneries électromagnétiques.

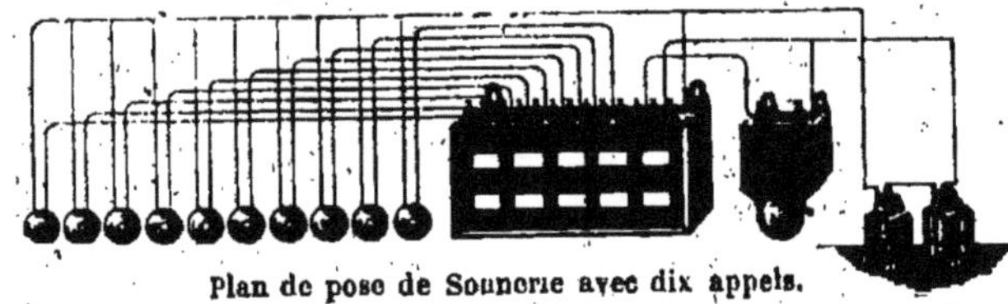

Plan de pose de Sonnerie avec dix appels.

Album de 32 plans de pose de sonneries électriques, par S. DENIS, fils aîné, constructeur-mécanicien. — Troisième tirage, in-12 oblong. — Prix. . . . . 1 fr.

Sucre.

Manuel du Fabricant de Sucre. Sucre de betteraves, de cannes; par P. BOULIN, chimiste-industriel; 1 beau volume in-16, 30 figures dans le texte (1889). — Prix. . . . . 6 fr.

Fabrication du Sucre (Traité complet théorique et pratique de la). — Guide du fabricant, par le Dr Charles STAMMER; 1 volume gr. in-8°, 718 pages avec 165 figures, nombreux tableaux dans le texte et 3 planches. Cartonné. (1875). — Prix. . . . . 20 fr.

Manuel pratique de Diffusion. Historique. — Théorie. — Diffusion. — Contrôle. — Rendements. — Devis. — Installation, par ÉLIE FLEURY et ERNEST LEMAIRE, in-8° (1880). — Prix réduit . . . . 3 fr.

Tabac.

Tabac. Description historique, botanique et chimique. — Climat. — Culture. — Frais. — Produits. — Mode de dessiccation. — Séchoirs. — Conservation. — Commerce; par V.-P.-G. DEMOOR. — In-18, 130 pag., 20 fig. — Prix. 2 fr.

Manuel pratique du Teinturier. Matières colorantes... J. Hummel, directeur du Collège de Teinture de Leeds. Édition franç... par M. F. Dommer, professeur à l'École de physique et de chimie ind... trielles. — 1 fort volume in-16, 80 figures dans le texte.

Le Traité de la Teinture des Tissus, du professeur Hummel, est le livre cl... des teinturiers anglais.

Machine pour exprimer le fil à teindre en rouge turc.

Nous avons pensé qu'il ne serait pas sans intérêt, pour les teinturiers franç... connaître cet ouvrage, où le praticien trouvera, à côté de la théorie, la prati... sonnée des opérations de teinture, en même temps qu'une étude complète des ma... colorantes, considérées au point de vue de leurs applications. — Prix. . .

Télégraphie.

Traité de Télégraphie électrique. Cours théorique... tique à l'usage des fonctionnaires de l'Administration des Lignes té... phiques, des ingénieurs, constructeurs, inventeurs, employés des Chem... fer, etc., etc., par E.-E. Blavier, inspecteur des Lignes télégraphiqu... 2 beaux volumes in-8° de 982 pages, avec 415 figures dans le texte... (publié à 32 fr.). — Prix. 6

Téléphonie.

Manuel pratique du Téléphone. 1re partie. — Installations privées. — Téléphone. — Microphone et Radiophone, par Théodore SCHWARTZE. — Troisième édition française, par S. FOURNIER et D. TOMMASI. — 1 volume in-16, avec 153 figures dans le texte. — Prix . . . . . 4 fr.

2me partie. — Traité de téléphonie. — Installations industrielles à grande distance, par le Dr V. WIETLISBACH. — 1 volume in-16, avec 123 figures dans le texte. — Prix . . . . 4 fr.

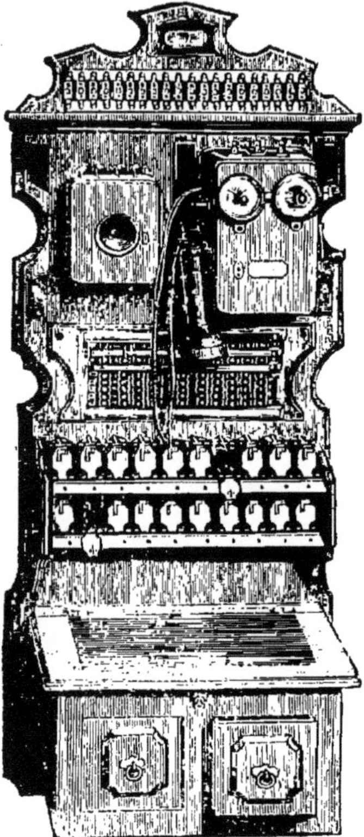

Spécimen des figures de la *Téléphonie Industrielle*.

Tourbe.

La Tourbe. Son extraction et son emploi comme combustible industriel, guide pratique de la fabrication des briquettes de tourbe et pour leur utilisation générale en métallurgie, en verrerie, en cristallerie et pour le chauffage au gaz, par M. LENCAUCHEZ. — 1 volume grand in-8°, avec atlas in-4° de 17 planches doubles. — Prix. . . . . 7 fr. 50

Transport de la force.

Le Transport de la force par l'Electricité, par Ed. JAPING, ingénieur-électricien. — Troisième édition française. — Annotée et augmentée de la description des plus récentes applications du Transport de la force, par M. Marcel DEPREZ, membre de l'Institut. — 1 volume in-16, avec 49 figures dans le texte. — Prix . . . . 5 fr.

EXTRAIT DE LA TABLE. — Introduction du transport de la force en général et en particulier du transport de la force par l'électricité. — Forces naturelles propres à être transmises par l'électricité. — Machines électriques pour la production du courant électro-moteur. — Théorie de la transformation du courant en travail. — Considérations théoriques concernant le rapport de la force à de grandes distances. — Emploi des machines électriques. — Les conducteurs électriques. — La propagation et la distribution du courant électrique. — Distribution du courant électrique. — Transformateurs et accumulateurs. — Procédé pour diminuer les pertes d'énergie. — Applications industrielles. — Rendement économique du Transport de la force par l'électricité. — Appendice. Nouvelles expériences du transport de la force.

Turbines.

Construction des Turbines et des Pompes centrifuges, par Lucien Vallet, ingénieur-constructeur. — 1 volume in-8° et atlas de 15 planches (1875). — Prix . . . . 15 fr.

Vernis.

Manuel pratique du Fabricant de Vernis. Gommes. — Huiles. — Térébenthines. — Huiles siccatives. — Vernis gras. — Vernis à l'essence. — Vernis à l'alcool, par E. Coffignier, 1 fort volume in-16, avec figures. — Prix . . . . 5 fr.

Extrait de la Table des Matières. — Matières premières. — Analyses des gommes. — Résinates et linoléates. — Les dissolvants. — Huiles végétales. — Les Térébenthines. — La gomme. — Les résineux. — Fabrication des huiles siccatives. — Diverses cuissons. — Fabrication des vernis gras. — Analyse et essai des vernis. — Différents vernis à l'essence. Leur mode de fabrication. — Fabrication des vernis à l'alcool. — Les principaux vernis à l'alcool. — Vernis mixtes. — Vernis au caoutchouc. — Vernis à l'eau.

Vinaigre.

Manuel pratique du Vinaigrier. Méthodes nouvelles de fabrication du vinaigre, par Ch. Franche, ingénieur-chimiste. — Un beau volume in-16, nombreuses figures dans le texte (1901). — Prix . . **4 fr. 50**

Extrait de la Table des Matières. — Acide acétique. — Propriétés générales. — Origine chimique de l'acide acétique. — Fermentation acétique. — Choix des liquides pour la fabrication du vinaigre. — Différentes méthodes : Méthode d'Orléans, Méthode Pasteur, Méthode anglaise, Nouvelles Méthodes, etc. — Propriétés, traitement, conservation, emmagasinage. — Essai et analyse du vinaigre. — Falsifications.

Vins (Voir Arbres Fruitiers. Vigne).

Manuel général des Vins (Nouvelle édition revue et corrigée), par Édouard Robinet (d'Epernay).

Le manuel général des vins dont nous offrons une nouvelle édition au public est naturellement un livre indispensable, non seulement au public spécial, négociants en vins, viticulteurs, etc., mais encore à tous ceux qui possèdent une cave. Les connaissances spéciales, la longue expérience de l'auteur donnent au second volume une importance considérable, et nous ne craignons pas de dire qu'il n'est pas un seul fabricant de vins mousseux qui ne l'ait consulté avec fruit.

Le troisième volume forme un guide d'analyse des vins, mettant cette science si délicate à la portée de tous ; il complète la bibliothèque du négociant, du viticulteur et du simple particulier.

Trois beaux volumes in-16, de 1,366 pages et 136 figures. — Prix . . . **15** fr.

On vend séparément :

Tome Ier. — Vins rouges. — Vins blancs. — Vins artificiels. . . . . . 5 fr.
Tome II. — Vins mousseux. — Champagnes. . . . . 5 fr.
Tome III. — Analyse des Vins. — Fermentation. — Falsifications. . . . 5 fr.

Note sur la fabrication des vins mousseux dans les pays chauds, 1 volume in-16, 32 pages. — Prix . . . . **1 fr. 50**

Dictionnaire de Chimie Industrielle (*Suite*)

Chaque Fascicule se vend séparément

1 : *Abaca à Acide azotique*; 46 figures . . . . **3** fr.
2 : *Acide azotique — Acide phénique*; 62 figures . . . . **3** —
3 : *Acide phosphoreux — Acide sulfurique*; 75 figures . . . . . . **3** —
4 : *Acide sulfurique — Air*; 44 figures . . . . **3** —
5 : *Air — Alliages*; 42 figures . . . . **3** —
6 : *Alliages — Amphibole*; 54 figures . . . . **3** —
7 : *Amphigène — Auramine*; 17 figures . . . . **3** —
8 : *Auramine — Bismuth*; 37 figures . . . . **3** —
9 : *Bismuth — Broggérite*; 27 figures . . . . **3** —
10 : *Brome — Caoutchouc*; 48 figures . . . . **3** —
11 : *Caoutchouc — Chlore*; 55 figures . . . . **3** —
12 : *Chlore — Chromates*; 50 figures . . . . **3** —
13 : *Chromates — Corps composés*; 26 figures . . . . **3** —
14 : *Corps composés — Dialyseurs*; 50 figures . . . . **3** —
15 : *Digestion — Eau*; 66 figures . . . . **3** —
16 : *Eau — Engrais*; 23 figures . . . . **3** —
17 : *Eponges — Explosifs*; 36 figures . . . . **3** —
18 : *Farines — Fer, etc.*; 29 figures . . . . **3** —
19 : *Fermentation — Fromages, etc.*; 54 figures . . . . **3** —
20 : *Gaiac — Gaz d'éclairage*; 28 figures . . . . **2** —
21 : *Gaz — Glucose*; 12 figures . . . . **2** —
22 : *Glucose — Gypse*; 13 figures . . . . **2** —
23 : *Hallosyte — Hydrotimétrie*; 14 figures . . . . **2** —
24 : *Hydrotimétrie — Jaune*: 7 figures . . . . **2** —
25 : *Jaune — Lin*; 15 figures . . . . **2** —
26 : *Linoléum — Monazite*; 15 figures . . . . **2** —
27 : *Mordants — Or*; 25 figures . . . . **2** —
28 : *Or — Pain*; 27 figures . . . . **2** —
29 : *Pain — Pétrole*; 21 figures . . . . **2** —
30 : *Pétrole — Pommades*; 5 figures . . . . **2** —
31 : *Poteries — Sang* . . . . **2** —
32 : *Santal — Soufre*; 17 figures . . . . **2** —
33 : *Soufre — Teinture*; 39 figures . . . . **2** —
34 : *Teinture — Verrerie*; 37 figures . . . . **2** —
35 : *Verrerie — Zircon*; 20 figures . . . . **2** —
36 : Complément : *Introduction* et *Frontispice* . . . . **2** —

Spécimen réduit d'une page du DICTIONNAIRE DE CHIMIE INDUSTRIELLE

ALDÉHYDE FORMIQUE

voie la masse dans un appareil à distiller et on chasse l'aldéhyde au moyen d'un courant de vapeur barbotante. Quelquefois, on rectifie encore l'aldéhyde ainsi purifiée.

L'aldéhyde benzoïque commerciale ne subit pas cette rectification, qui entraîne à des pertes sensibles.

Propriétés. — L'aldéhyde benzoïque est une huile incolore, très réfringente, possédant une odeur aromatique agréable, rappelant celle des amandes amères et une saveur âcre et brûlante. Elle bout à 180°, sa densité est 1,0504. Elle est soluble dans 30 parties d'eau et miscible, en toutes proportions, avec l'alcool et l'éther.

L'aldéhyde benzoïque est employée en parfumerie et pour la fabrication des couleurs artificielles, comme le vert malachite, le vert brillant, etc.

ALDÉHYDE FORMIQUE. — [Russe : Муравейный альдегидъ ; Angl. : *Formaldehyd* ; Allem. : *Ameisenaldehyd*, *Formaldehyd* : Ital : *Aldeïdo formico* ; Esp. : *Aldehide formico*]

Syn. *Formaldéhyde*, *Formol*, *Méthanol*

Formule : CH^2O

Ce corps, découvert par Hoffmann, a été plus spécialement étudié par M. Trillat qui a découvert ses propriétés antiseptiques énergiques.

Pour le préparer, M. Trillat dirige un courant de vapeurs d'alcool méthylique, produites dans une chaudière A (fig. ci-dessous), dans un tube en cuivre B, dont l'ouverture G est conique. Ce jet de vapeur, faisant trompe, aspire l'air qui lui est nécessaire pour son oxydation. Le mélange de vapeurs alcooliques et d'air passe sur de l'amiante platinée E, chauffée au rouge. L'oxyde de cuivre, les corps poreux, tels que

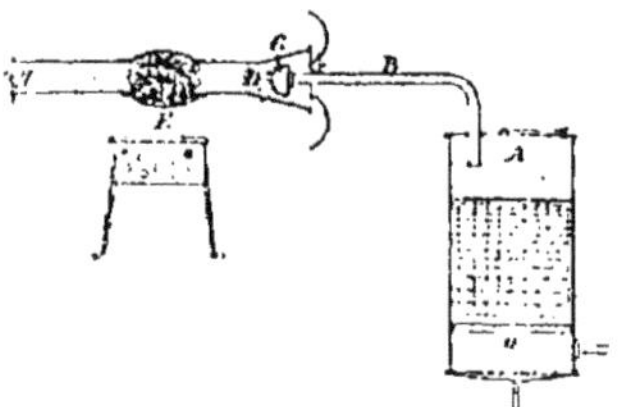

Fabrication de l'aldéhyde formique

le charbon des cornues, la porcelaine, le coke, peuvent remplacer l'amiante platinée. Les vapeurs, qui se dégagent, sont composées d'un mélange d'eau, d'alcool méthylique, de formol et de traces d'acide acétique et formique. On les condense dans de l'eau. On purifie la solution aqueuse en l'évaporant pour chasser l'alcool méthylique et les acides ; on peut s'aider du vide. Pour obtenir le formol tout à fait pur, il faudrait passer par sa combinaison bisulfitique.

Le formol, à l'état de solution à 30 ou 40 0/0, est un liquide incolore, sirupeux, d'une odeur piquante. On ne peut l'obtenir plus concentré ; sans cela, il se changerait en trioxyméthylène, qui se déposerait en poudre amorphe.

Le formol n'est pas très volatil ; on peut concentrer ses solutions au bain-marie. Ses vapeurs ne sont pas inflammables.

C'est un antiseptique puissant, à la dose de 1/12000 ; il conserve le bouillon de veau, pendant plusieurs semaines, tandis que le même bouillon, additionné de 1/6000 de bichlorure de mercure, se décompose en 5 ou 6 jours. A la dose de 1/1000, il tue les microbes salivaires en moins de 2 heures.

La viande immergée, pendant 3 minutes, dans une solution d'aldéhyde formique au 1/500, peut se conserver pendant 5 jours ; avec une immersion de 60 minutes, on peut la conserver pendant 25 jours. Les vapeurs d'aldéhyde formique, dégagées d'une solution à 10 0/0, empêchent la corruption de la viande ; en faisant agir ces vapeurs sous pression, la conservation est encore plus longue.

ALE. — V. Bière.

ALEMBROTH. — [Russe : Алембротова соль ; Angl. : *Alembrot* ; All. *Weisheitssalz* ; Ital. : *Alembroth* ; Esp. : *Alembroth*, *Sal alembrotti*].

Syn. : *Sel alembroth*, *Sel de sagesse*, *Sel de science*, *Chlorohydrargirate ammoniacal*.

Formule : $2AzH^4Cl^2, HgCl^2, H^2O$.

Sel obtenu en mêlant deux solutions, l'une de sel ammoniac et l'autre de bichlorure de mercure, dans les proportions indiquées par la formule ci-dessus. Il est employé en médecine à la place du sublimé.

Le sel d'alembroth insoluble s'obtient en ajoutant de l'ammoniaque à la solution du sel double ci-dessus. Le précipité, lavé et séché, porte les noms de *Lait mercuriel*, *Mercure précipité blanc*, *Mercure cosmétique*.

ALDOL. — [Russe : Альдоль ; Angl. : *Aldol* ; Allem. : *Aldol* ; Ital. : *Aldol* ; Esp. : *Aldol*.]

Formule : $C^4H^8O^2$.

Produit de condensation de l'aldéhyde. On le prépare en mêlant, peu à peu, 100 g. d'aldéhyde avec 100 g. d'eau, en maintenant la température à 0° C. Ensuite, on ajoute, peu à peu, 200 g. d'acide chlorhydrique refroidi et on abandonne le tout à la lumière diffuse, pendant 5 à 15 jours. Le produit brun est étendu d'eau et neutralisé par le carbonate de soude. On sépare une huile qui vient surnager au-dessus du liquide, on filtre celui-ci et on l'agite avec 12 0/0 de son volume d'éther, à cinq reprises différentes. On chasse l'éther par distillation et on distille le résidu sec en s'aidant du vide. Entre 80 et 100°, sous pression de 2 cm. de mercure, on recueille de l'aldol environ 1/4 du poids de l'aldéhyde mise en œuvre).

REVUE DE CHIMIE INDUSTRIELLE

REVUE

DES PRODUITS CHIMIQUES, COULEURS, TEINTURE, MÉTALLURGIE, DISTILLERIE, PYROTECHNIE ENGRAIS, COMESTIBLES, ANALYSES INDUSTRIELLES, ÉLECTROCHIMIE

Réunie avec la

Revue de Physique et de Chimie et de leurs applications industrielles

Fondée par **MM. SCHUTZENBERGER** et **LAUTH**

Comité de rédaction : MM. CHERCHEFFSKY, COFFIGNIER et HALPHEN Ingénieurs-chimistes, E. P. et C.

Les années 1890 à 1903 forment **14** *beaux vol. in-4°*

Prix de chaque vol. : **15** francs

PRIX DES ABONNEMENTS (du 1er Janvier de chaque année)

France. . . . . **12** fr. | Etranger. . . . . **15** fr.

Spécimen gratuit à toute personne qui en fait la demande

La faveur toujours croissante avec laquelle le public industriel et savant a accueilli cette publication nous prouve hautement son utilité.

Nous continuerons à tenir nos lecteurs au courant des découvertes, améliorations, méthodes et appareils nouveaux qui viennent chaque jour enrichir le domaine déjà si vaste de l'industrie chimique.

Notre revue reste une tribune ouverte à toutes les observations sérieuses qui peuvent intéresser le public industriel; en faisant appel au zèle et à la sympathie des savants, des ingénieurs et des industriels, nous espérons atteindre plus complètement le but que nous nous sommes proposé et faire œuvre vraiment utile au point de vue des intérêts de l'industrie chimique.

Sommaires de quelques numéros de la Revue

Note sur l'huile d'élaeococca, ses propriétés, ses emplois. — **Falsification des huiles comestibles.** Nouveau procédé du dosage de l'huile d'arachide dans les mélanges d'huile. — **L'essence grasse de térébenthine** au point de vue industriel. — **Les applications de la chimie industrielle à l'art militaire.** Torpilles aériennes. — **Fabrication du papier en Amérique.** Le traitement au sulfite. Procédé à la soude. Récupération de la soude. — **Teinture.** Emploi des teintes alizarines sur le cuir chromaté. — **Teinture des tissus.** — **Revue technologique française.** La liquéfaction de l'hydrogène et de l'hélium. Procédé nouveau pour la fabrication de la céruse. Blanchiment du coton en 4 heures. — **Revue technologique étrangère** : Action du sodium sur l'aldéhyde. Réduction du sulfate de zinc. Emploi de l'acide fluorhydrique pour le traitement des borates naturels. Le coton mercerisé comme succédané de la soie, etc. — **Brevets d'invention.**

Purification des eaux potables, par P. Guichard. — **Procédé de concentration de l'acide sulfurique.** — **Blanchiment par les corps suroxygénés.** II. Ozone. Fabrication de l'ozone par les procédés Berthelot et Villon, solubilité de l'ozone dans l'eau. — **Fabrication des savons de résine.** — **Les applications de la chimie industrielle à l'art militaire.** L'électricité comme force motrice des navires de guerre. La transformation du fulmicoton en poudre sans fumée. Les obus à dynamite. Les projectiles en aluminium. La toxpire. La détonation des explosifs brisants par les ondes du genre Hertz. Le laiton des cartouches américaines. — **La fermentation sans levure.** — **Revue technologique étrangère.** Méthode rapide pour la détermination du sel dans les graisses. La métallurgie du nickel, etc., etc. — **Brevets d'invention.**

BULLETIN DE SOUSCRIPTION

Veuillez m'envoyer les ouvrages indiqués ci-dessous :

....

....

....

Ci inclus, pour solde, un mandat postal de

....

Nom ....

Qualité ....

Rue ....

Ville ....

SIGNATURE LISIBLE :

Avis important. — Tous les ouvrages sont expédiés *franco* lorsque le montant est joint à la demande; dans le cas contraire, l'envoi est fait contre remboursement aux frais du destinataire.

9-03 3055. — Paris, Typ. Mounis Père et Fils, rue Amelot, 64.

Envoi franco, joindre un mandat-poste à la demande.

Accumulateurs électriques, F. CAHEUX 4 »
Câbles électriques, S.-A. RUSSEL . . . . . 6 »
Catéchisme d'Electricité ST-ROME 2 50
Compteurs d'électricité, E. COUSTET . . 2 50
Dynamo électriques machines. P. CLEMENCEAU . . . . 5 »
Electrolyse, Electrométallurgie, JAPING 4 »
Electricité (l') dans la Maison, COUSTET 4 50
Galvanoplastie, Argenture, BRUNEL . . . 4 »
Horlogerie électrique, TOBLER . . . . . 3 »
Ingénieur électricien (Aide Mémoire de l') 6 »
Lampes électriques, DE URBANITZKY . . . 4 50
Lumière électrique, (Installation de la) ANNEY, 2 vol
Installations privées. . . . . 5 »
Stations centrales . . . . 7 »
Monteur électricien (Manuel du), P. LAFARGUE, 700 fig. 6 edition. . . . . 10 »
Piles électriques, HAUCK 4 50
Sonneries électriques, G. FOURNIER. . . 2 50
Téléphone (Manuel du). Installations privées, SCHWARTZE . . . . 4 »
Téléphone à grande distance, WIETLISBACH . . . . 4 »
Transport de Force par l'électricité DEPREZ . . . . 5 »
Acétylène (L') DOMMER (140 fig.) 4 50
Aérostation (Manuel d'), de FONVIELLE . . 5 »
Encyclopédie d'Agriculture, sous la direction de M. A. LARBALÉTRIER 10 v. 15 »
Les Engrais 1 50. Drainage des terres 1 50. Elevage du bétail 1 50. Jardinage pratique (fleurs et légumes) 1 50. — Lait, beurre et fromage 3 fr. — Céréales et fourrages 1 50 — Arbres fruitiers et Vigne 2 fr. — Cidre et poiré, 1 50. — Volailles, lapins, abeilles 1 50 — Machines agricoles, constructions rurales, 1 50.
Alcool (Fabrication de l'). ROBINET et CANU . . . . 3 »
Aluminium, AD. MINET, 2 vol.
Fabrication. 4 50
Alliages, emplois récents 4 50
Ammoniaque (Fabrication de l'), TRUCHOT 6 »
Architectes et Entrepreneurs (Carnet Formulaire des) C. SUE 4 50
Arpentage et Levé de Plans, par DALLET 4 »
Automobiles (Manuel du chauffeur-conducteur d') FARMAN . . . . 5 »
Automobiles (Manuel du constructeur d') M. FARMAN in-16 et atlas in-4 . . . . . 9 »
Bière (Fabrication de la), par BOULLIN . . 8 »
Bougies, Savons et Chandelles, DEROUX 2 vol. in-8 et atlas, cartonné toile 20 »
Briquetier, Tuilier, par ENGLISH . . . . 8 »
Catéchisme des Chauffeurs-Mécaniciens 1 50

Chaux Ciments, Plâtres, LEJEUNE . . . 5 »
Chocolat (Fabrication du), L. DE BELFORT. 4 »
Conserves Alimentaires, de NOTER . . . 5
Cordes, Ficelles et Filins (Fabrication des) Aff. RENOUARD. 10
Principes de Chimie, MENDÉLÉEF (2 vol. cart. toile) 15
Corps gras, par VILLON. 6
Couleurs, Essences et R. LEMOINE et Ch. du MANOIR in 8°. . . . . 6 »
Eaux (Analyse des), FABRE DOMERGUE. . . 4 50
Encres et Cirages, DESMAREST . . . . . . 5 »
Fécule et Amidon, FRITSCH. . . . . 6 »
Filets de pêche, (Fabrication des), par VANSTEENBERGHE. . . . . 3 »
Géodésie, DALLET. . . . . 4 »
Graissage des Machines, THURSTON. . . 4 »
Ingénieur (Carnet formulaire de l'). . . 4 50
Laminage du Fer, SEVERIN (texte 1 vol et atlas) 40
Liqueurs (Fabrication) Ed. ROBINET . . . 5 »
Matières colorantes artificielles, par MAST 1 50
Manuel de l'Ouvrier - Mécanicien, G. FRANCHE 8 volumes. 15
Principes de Mécanique, 2 fr. — Outils, Machines-outils, 2 fr. — Forge, Fonderie, 2 fr. — Engrenages, Transmissions, 2 fr. — Boulons, Rivets, Chaudronnerie, 2 fr. — Machines à vapeur, 2 fr. — Moteurs à gaz et pétrole 2 fr. — Hydraulique, 2 fr.
Meunerie (Manuel de), L. DE BELFORT. . . 8 »
L'Or, par F. LA CROIX. . . . . 5 »
Parfumeur (Manuel du), ASKINSON . . . . 6 »
Photographie (Encyclopédie de l'amateur par G. Brunel, Reyner, Chaux et Forest 10 volumes in-16. . . . . 20 »
Choix du Matériel 2 fr. Le sujet, Temps pose, 2f. Clichés négatifs 2f. Epreuves positives, 2 f. Insuccès et retouche, 2 f. Photographie en plein air, 2 f. Portrait dans les appartements, 2f. Photographie en couleurs, 2 f. Agrandissements et projections, 2f. Objectifs et stéréoscopie 2 »
Prospecteur (Manuel du) Anderson . . . 4 50
Savonnier (Manuel du) CALMELS. . . . . 5 »
Soie (Fabrication de la), VILLON . . . . . 8 »
Sondeur (Traité de) E. Lippmann. 4 50
Sucre (Fabrication du), BOULLIN . . . . . . 8 »
Teinturier (Manuel du) par J. HUMMEL. 7 50
Vernis, Ch. COFFIGNIER. . . . . 5 »
Vinaigre (Fabrication du) Ch. FRANCHE. 4 50
Vins rouges, vins blancs, etc., par ROBINET . . . . 5 »
Vins Mousseux, par ROBINET . . . . 5 »
Vins, Analyse des) par ROBINET . . . . . 5 »

Paris. — Imp. Louis Lambert, 41, rue Molière

www.ingramcontent.com/pod-product-compliance
Ingram Content Group UK Ltd.
Pitfield, Milton Keynes, MK11 3LW, UK
UKHW020953230726
13923UKWH00007B/298